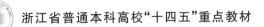

U0182720

模拟电子技术实验与课程设计
（修订版）

金 燕 李如春 编著

ZHEJIANG UNIVERSITY PRESS
浙江大学出版社
·杭州·

图书在版编目(CIP)数据

模拟电子技术实验与课程设计 / 金燕,李如春编著
. — 修订版. — 杭州：浙江大学出版社,2023.6
ISBN 978-7-308-23959-2

Ⅰ. ①模… Ⅱ. ①金… ②李… Ⅲ. ①模拟电路-电子技术-实验-高等学校-教材②模拟电路-电子技术-课程设计-高等学校-教材 Ⅳ. ①TN710-33

中国国家版本馆 CIP 数据核字(2023)第 112032 号

模拟电子技术实验与课程设计(修订版)

金 燕 李如春 编著

责任编辑	王元新	
责任校对	阮海潮	
封面设计	周 灵	
出版发行	浙江大学出版社	
	（杭州市天目山路 148 号 邮政编码310007）	
	（网址：http://www.zjupress.com）	
排 版	杭州晨特广告有限公司	
印 刷	浙江全能工艺美术印刷有限公司	
开 本	787mm×1092mm 1/16	
印 张	17.5	
字 数	394 千	
版印次	2023 年 6 月第 1 版 2023 年 6 月第 1 次印刷	
书 号	ISBN 978-7-308-23959-2	
定 价	49.00 元	

前　言

本书是浙江省普通本科高校"十四五"首批新工科、新医科、新农科、新文科重点教材，依据教育部高等学校电工电子基础课程教学指导分委员会 2019 年最新修订的《模拟电子技术基础》课程教学基本要求，结合作者长期实验教学经验和教改成果编写而成，体现"学生中心、产出导向、持续改进"和新工科建设的教育理念。书中的每个实验项目从内容到步骤等都经过精心设计，力争充分体现模拟电子技术新理论、新技术和新应用。通过从基础到综合、从验证到设计、从模块到系统等系列实验训练，学习者能掌握相关的知识点和现代实验技能，提高理论应用于实践的能力，逐步提高解决模拟电子技术领域复杂工程问题的能力和创新意识。

全书包含第一至四篇及附录，共五个部分。

第一篇为基础实验部分，该篇由 11 个重要的基础实验项目组成，以模块电路为主，涵盖模拟电子技术重点及难点教学内容，培养学生的基本实验技能。

第二篇为综合性实验和课程设计，由综合性和工程应用性较强的 8 个设计性实验项目组成。这些实验项目来源于教师的科研项目，并融合了近年全国电子设计竞赛中与模拟电子电路有关的内容。每个项目给出设计任务要求和总体框图，只要达到了任务要求，就是成功的设计。书中给出的设计实例也可供参考。本篇不仅体现了分层教学、个性化培养教学理念，也提供学习者较多自主扩展空间，进一步加强学习者的自主学习和创新能力。

第三篇为基于电子电路仿真软件 Multisim 的虚拟仿真实验，由 9 个实验项目组成。通过这部分的学习，使学习者能初步掌握借助现代 EDA（Electronic Design Automation，电子设计自动化）技术验证和设计模拟电子电路的技能，提高应用新技术、新器件、新实验手段的能力。

第四篇介绍模拟电子系统的设计和调试方法，并介绍电子电路的抗干扰措施。在电子系统设计过程中可以灵活运用这些设计原则和方法。

附录部分有实验室常用的示波器和函数信号发生器的简要使用说明、万用表对常用电子元器件的检测方法、电阻器标称值及精度的色环标志法、学生实验报告页。

本书是浙江工业大学校级重点教材《模拟电子技术实验与课程设计》(金燕等编著,华中科技大学出版社于2020年出版)的修订版,主要在如下几个方面作了修订:第一,增加了4个综合设计性实验项目和4个仿真实验项目并优化了原有的实验项目;第二,增加了50个实验操作等微课视频二维码,包括24个实际实验操作视频(其中有2个是基于NI myDAQ口袋实验套件的实验视频)、21个仿真实验视频和5个重要知识点分析视频,用手机扫描二维码即可观看视频,便于学习者自主学习。

本书由浙江工业大学金燕、李如春编著。实验2.4和第四篇由李如春编写,其余部分由金燕编写。金燕提出编写提纲并负责统稿和定稿。另外,黄梦佳参与了实验3.2、实验3.3、和实验3.7的仿真验证工作。贾立新、周文委、柴婉芳、应时彦、张丹、杨俊洁和黄飞腾对本书的编写和修改提供了很多帮助。在本书编写过程中,参考了有关专家的教材,在此一并向他们表示诚挚的感谢。

由于作者水平有限,书中难免有不妥和疏漏之处,敬请广大读者予以批评指正。

作者

2023年6月于杭州

目录 CONTENT

第一篇　模拟电子技术基础实验

第二篇　模拟电子技术综合性实验和课程设计

第三篇　模拟电子技术虚拟仿真实验

第四篇　模拟电子系统的设计和调试方法

第一篇

模拟电子技术基础实验

实验 1.1　常用电子仪器的使用

1.1.1　实验目的

(1)熟悉示波器、函数信号发生器、交流毫伏表、万用表及直流稳压电源的正确使用方法。

(2)掌握用示波器观察波形、测量波形主要参数的方法。

(3)掌握电子仪器共地的概念、意义和接法。

(4)能用万用表测量电阻、电容、二极管等电子元器件的主要参数。

(5)能用示波器测量二波形间的相位差。

1.1.2　实验原理

在模拟电子技术实验中,经常使用的电子仪器有示波器、函数信号发生器、直流稳压电源、交流毫伏表、万用表等。

实验中要对各种电子仪器进行综合使用,可按照信号流向,以连线便捷、调节顺手、观察与读数方便等原则进行合理布局。各仪器与被测实验电路之间连接如图1.1.1所示。接线时应注意,为防止外界干扰,各仪器的公共接地端应连接在一起,称共地。示波器接线使用专用电缆线,信号源和交流毫伏表的引线通常用屏蔽线或专用电缆线,直流电源的接线用普通导线。

1. 示波器

示波器是一种用途很广的电子测量仪器,既能直接显示电压信号的波形,又能对电压信号进行各种参数的测量。现以 TBS1102B-EDU 数字存储示波器为例,着重介绍下列几点。

(1)示波器的显示方式

TBS1102B-EDU 示波器有多种显示方式,即"CH1"、"CH2"、"CH1+CH2"、"CH1—

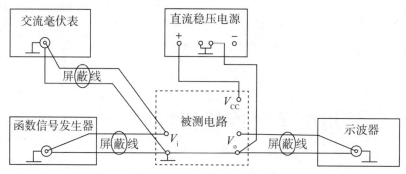

图 1.1.1　模拟电子电路中常用电子仪器共地图

CH2"、"CH2−CH1"、"CH1×CH2"、"FFT"、"双通道信号双踪显示"等。

（2）寻找扫描基线的方法

开机预热后，若在显示屏上不出现光点和扫描基线，可按前面板右上方的"自动设置（Autoset）"按钮，也可按下列操作去找到扫描线：

①将示波器显示方式置"通道 1（CH1）"（通过按动面板上的"1"，即"通道 1 菜单"，在显示或取消间切换）或"通道 2（CH2）"（按动面板上的"2"），输入耦合方式置"接地（GND）"，输入耦合方式通过"通道 1 菜单"或者"通道 2 菜单"→"耦合"→"接地"进行选择。

②触发模式选择"自动"（通过"触发菜单"→"模式"→"自动"选择）。

③适当调节"垂直位置"、"水平位置"旋钮，使扫描光迹位于屏幕中央。

（3）显示稳定的被测信号波形

将被测信号接到示波器通道 1（或通道 2）的输入端，按"自动设置（Autoset）"按钮，一般能稳定显示波形，也可以按如下步骤操作：

①根据波形显示需要，输入耦合方式选择交流（AC）耦合或直流（DC）耦合（通过"通道 1 菜单"或者"通道 2 菜单"→"耦合"→"交流"或"直流"进行选择）。

②触发信号源一般选为"CH1"（或"CH2"）触发，与被测信号所选的输入通道一致，通过前面板的"触发菜单"→"信源"选择。

③触发模式选择"自动"（通过"触发菜单"→"模式"→"自动"选择），调节"触发电平（Level）"旋钮，显示出波形后，若被显示的波形不稳定，可将触发模式置"正常"模式（通过"触发菜单"→"模式"→"正常"选择），通过调节"触发电平（Level）"旋钮找到合适的触发电平，使被测试波形稳定地显示在示波器屏幕上。

④适当调节"水平标度（Scale）"旋钮及"垂直标度（Scale）"旋钮使屏幕上稳定显示 1～2 个周期的被测信号波形。

有时，由于选择了较慢的扫描速度，显示屏上将会出现闪烁的光迹，但被测信号的波形不在 X 轴方向左右移动，这样的现象仍属于稳定显示。

（4）用示波器测量被测信号电压

示波器可以方便地测量电压信号。根据被测波形峰峰值在屏幕坐标刻度上垂直方向

所占的格数 D_y（格，DIV）与相应通道的垂直标度系数 S_y（伏/格，V/DIV）（通过"垂直标度"旋钮调节），示波器输入信号探头（y 轴探头）衰减系数 K_y（即用 K_y：1 衰减探头，通过输入信号探头上的衰减开关可将 K_y 设为 1 或 10），可得信号峰峰值的实测值 U_y，即

$$U_y = D_y \times S_y \times K_y \tag{1.1.1}$$

如果启用了示波器的 $G\times$ 扩展（如 $10\times$）功能（通过"通道 1 菜单"或者"通道 2 菜单" → "探头" → "衰减"，再用"多功能旋钮"进行选择），则在式（1.1.1）计算基础上应再除以 G。

如果被测的是正弦电压，有效值等于峰峰值除以 $2\sqrt{2}$。

例如，某正弦电压信号在示波器上显示出如图 1.1.2 所示的波形，从示波器上读得 $D_y=6\text{DIV}$，$S_y=0.5\text{V/DIV}$，无 $G\times$ 扩展，而 y 轴探头无衰减，即 $K_y=1$，则根据式（1.1.1）可得该正弦电压峰峰值 $U_y=6\times0.5\times1=3\text{V}$，而有效值等于 $3/(2\sqrt{2})\approx1.06\text{V}$。

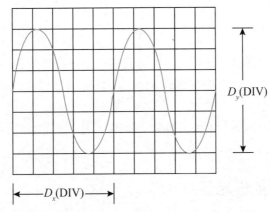

图 1.1.2　用示波器测量正弦电压信号峰峰值和周期

（5）用示波器测量被测信号周期和频率

根据被测信号一个周期波形在示波器屏幕坐标刻度水平方向所占的格数 D_x（格，DIV）与水平标度系数（通过"水平标度"旋钮调节）S_x（时间单位/格，s/DIV），可得信号周期 T 的实测值，即

$$T = D_x \times S_x \tag{1.1.2}$$

频率为

$$f = 1/T \tag{1.1.3}$$

对于图 1.1.2 所示的信号，读得其 $D_x=5\text{DIV}$，若此时示波器的 $S_x=1\text{ms/格}$，则由式（1.1.2）得该信号的周期 $T=5\times1=5\text{ms}$，频率为 $f=1/T=200\text{Hz}$。

也可以利用示波器本身已有的自动测量功能来测量信号幅值、周期、频率等，自动测量可通过"光标（Cursor）"按钮或"测量（Measure）"按钮设定，具体测量方法参阅附录 A 或示波器用户手册。

2. 函数信号发生器

AFG1022 型数字函数信号发生器按需要输出连续的正弦波、方波、锯齿波、脉冲波、

任意波(包括直流)、噪声波等几毫伏至几伏的电压信号波形,同时提供两个通道的输出。也可以用这些标准波(除了噪声波)输出多种调制波和扫频波。其通过前面板旋钮和键盘,选择输出信号波形类型,调节输出电压参数(如频率和幅值等),并在数字函数信号发生器显示屏上显示其输出电压波形及多种参数。作为信号源,函数信号发生器的输出端不允许短路。

3. 交流毫伏表

交流毫伏表只能在其工作频率范围之内测量正弦交流电压的有效值。

为了防止过载而损坏,测量前一般先把量程开关置于量程较大位置上,然后在测量中逐档减小量程,读完数据后,再把量程开关拨回量程较大的位置上。

用交流毫伏表测正弦交流电压有效值时,要先连接地线,再接信号线;拆线时,则要先拆信号线,再拆地线。

1.1.3 预习要求

(1)阅读示波器、函数信号发生器、交流毫伏表等电子仪器的使用说明。

(2)查阅附录中有关色环电阻标志法的内容,以及用万用表检测常用电子元器件的方法。

(3)已知 $C=0.01\mu\text{F}$、$R=10\text{k}\Omega$,计算图 1.1.3 中 RC 移相网络的移相角 φ。

(4)查阅二极管(如 1N4148)的使用手册,了解其主要参数。

1.1.4 实验设备与元器件

实验中用到的设备与主要元器件如表 1.1.1 所示。

表 1.1.1 实验设备与主要元器件

序号	名称	型号规格	数量	序号	名称	型号规格	数量
1	模拟电子技术实验箱			5	万用表		
2	示波器			6	直流稳压电源		
3	函数信号发生器			7	主要元器件		
4	交流毫伏表						

1.1.5 实验内容

常用电子仪器的使用实验视频

1. 用示波器和交流毫伏表测量正弦电压信号的参数

调节函数信号发生器,产生并输出频率为 5kHz、有效值为 2V 的正弦波信号,送入交流毫伏表的输入端和示波器通道 1 的输入端,注意示波器通道 1 应处于"打开"(显示的)状态,以便进行测量。按照前述"二、实验原理/1.示波器/(3)显示稳定的被测信号波形"的方法,显示出稳定的波形。

AFG1022型函数信号发生器输出正弦波的方法为:打开函数信号发生器电源开关后,按前面板"Sine"(正弦波)功能按钮,并按下前面板CH1/2,以选择通道,按下相应通道的"On"/"Off"(开/关)按钮以启用输出,启用输出时该按钮灯应亮起。通过按下前面板"Freq"/"Period"(频率/周期)屏幕按钮选择调整频率或周期参数,其他参数可按照类似的方法进行调整。波形参数设置方法参见附录 A 中"二、AFG1022 函数信号发生器/(一)仪器简介/6.调节波形参数"一节。

(1)记录交流毫伏表测得的正弦电压有效值,$U=$ _____。

(2)用示波器刻度读数法测量正弦电压的峰峰值、有效值、周期和频率。

①测量正弦电压的峰峰值和有效值。按照前述"二、实验原理/1.示波器/(4)用示波器测量被测信号电压"的方法,测量正弦电压的峰峰值 U_{PP},然后除以 $2\sqrt{2}$,得到有效值 U,记入表 1.1.2。

表 1.1.2　用示波器测量正弦电压的参数

	示波器测量值			
	峰峰值 U_{pp}(V)	有效值 U(V)	周期 T(ms)	频率 f(kHz)
刻度读数法				
光标法				
自动测量法				

②测量正弦电压的周期 T 和频率 f。按照前述"二、实验原理/1.示波器/(5)用示波器测量被测信号周期"的方法,测得信号周期 T,然后换算成频率 f,记入表 1.1.2。

(3)用示波器光标法测量正弦电压的峰峰值、有效值、周期和频率。

用光标读数法测量波形周期的步骤参见"附录 A/一、TBS1102B-EDU 数字存储示波器/(四)应用示例/3.光标测量/(1)测量波形的周期"。测得周期后再计算出频率,将周期和频率值填入表 1.1.2。

用光标读数法测量波形峰峰值的步骤参见"附录 A/一、TBS1102B-EDU 数字存储示波器/(四)应用示例/3.光标测量/(2)测量波形的峰峰值"。测得峰峰值后再计算出正弦电压的幅值和有效值,将幅值和有效值填入表 1.1.2。

(4)用示波器的自动测量功能测量正弦电压的峰峰值、有效值、周期和频率。

按动示波器的"测量(Measure)"按钮,再按"CH1"对应的屏幕选项按钮,接着通过旋转并按动"多功能旋钮"分别选定"峰峰值"(Pk-Pk)、"周期 RMS"("周期 RMS"表示波形一个周期的均方根值,即有效值)、"周期"、"频率"选项,四个测量值就会同时显示在示波器的屏幕底部,分别记入表 1.1.2。

2.常用电子元器件主要参数的测试

(1)用万用表测量一个标称值为 $R_N=10k\Omega$(也可选其他数值)的电阻的阻值 R,并与

其标称值 R_N 进行比较;计算实测值与标称值之间的相对偏差 $\left(\dfrac{R-R_N}{R_N}\times100\%\right)$,并与其允许偏差相比较,实测的偏差应在允许偏差范围内,记入表 1.1.3 中。

表 1.1.3　常用电子元器件主要参数测试表

电阻测量	标称值 R_N	允许偏差	实测值 R	偏差计算
电位器测量	标称值	最大阻值	最小阻值	是否损坏
二极管测量	型号	正向电阻	反向电阻	是否损坏
电容测量	标称值	实测值		

(2)用万用表测量一个电位器的阻值,并改变电位器阻值,观测其最大阻值和最小阻值,判断其质量的好坏,记入表 1.1.3 中。

(3)用万用表测量并记录一个二极管的正、反向电阻值,判明该二极管是否损坏以及正负极性,记入表 1.1.3 中。

(4)用万用表电容挡测量一个标称值为 $0.01\mu\text{F}$(也可选其他数值)的电容的电容值,记入表 1.1.3 中。

3. 测量两波形间相位差

(1)用实验内容 2 中测试过的电阻 R 和电容 C(已损坏的不能用,需调换成质量合格的产品),按图 1.1.3 连接实验电路,将函数信号发生器的输出电压调整至频率为 1kHz、有效值为 2V 的正弦波,RC 移相网络的输入信号 u_i 和输出信号 u_R 频率相同但相位不同,分别加到双踪示波器的通道 1 和通道 2 输入端。通道 1 和通道 2 的输入耦合方式选"交流",触发信号源选择置"CH1"(注意,为便于稳定波形,比较两波形相位差,应使内触发信号取自被设定为测量基准的那路信号)。调节"触发电平(Level)"旋钮使示波器稳定显示双路波形。

测量两波形间相位差仿真实验视频

(2)分别调节通道 1 和通道 2 的"垂直位置"旋钮,使两条波形基线重合于示波器屏幕中间位置,波形基线位置也是波形零伏电压对应的位置,TBS1102B-EDU 示波器屏幕上有指示标志,位于屏幕左侧。

(3)调节"触发电平(Level)"旋钮、"水平标度"旋钮、通道 1 和通道 2 的"垂直标度"旋钮,使双踪示波器屏幕上显示两个易于观察的正弦波形。波形显示如图 1.1.4 所示,并记录波形图,要求画上坐标轴并标注波形的幅值和周期值。

(4)根据两波形在水平方向的差距 D 格,以及信号一个周期在水平方向所占格数 D_x,即可求得两波形相位差 φ:

$$\varphi = \frac{360°}{D_x} \times D \tag{1.5}$$

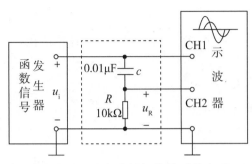

图 1.1.3　两波形间相位差测量电路

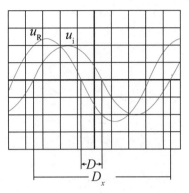

图 1.1.4　用双踪示波器测量两
波形相位差示意图

（5）将两波形相位差的测量数据记录于表 1.1.4 中。

除了上述测相位差的基本方法外，也可以用示波器自动测量功能测量相位差，具体操作方法为：在示波器屏幕上稳定显示双通道波形后，按示波器前面板上"测量（Measure）"按钮，再按"CH1"对应的屏幕选项按钮，通过旋转并转动"多功能旋钮"选定"相位"选项，再选定"CH2－CH1"选项，示波器屏幕上就会显示通道 1 与通道 2 波形间的相位差。

表 1.1.4　两波形相位差的测量数据

一周期格数 D_x	两波形水平方向的差距 D（格）	相位差 φ		u_R 与 u_i 的相位关系
		实测值	理论计算值	

4. 二极管单向限幅电路的测试

用实验内容 2 中测试过的电阻 R 和二极管 D（已损坏的不能用，需调换成质量合格的产品），按图 1.1.5 接线，u_i 是频率为 1kHz、峰峰值为 10V、直流偏移量为零的三角波信号，由函数信号发生器提供；直流电压 $U_{REF} = 2V$，由直流稳压电源提供，并用万用表直流电压挡测量。用示波器同时观察输入电压 u_i 和输出电压 u_o 的完整波形，并画图记录，要求画上电压—时间坐标轴，并标注波形的幅值和周期。

二极管单向
限幅电路仿
真实验视频

注意，在用示波器观测输出电压 u_o 时，应把输入耦合方式置为"直流（DC）"。

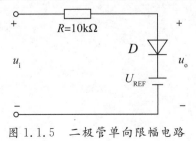

图 1.1.5　二极管单向限幅电路

1.1.6 实验报告要求

(1)明确实验目的,简述实验原理。

(2)整理各项实验数据。

(3)画出 RC 移相网络的输入和输出电压波形,将实测的相位差与理论值比较,分析产生误差的原因。

(4)画出图 1.1.6 中二极管电路的输入和输出电压波形。

(5)总结本实验所用电子仪器使用时的注意事项。

1.1.7 思考题

(1)用示波器观察波形时,要达到以下要求,应调节哪些按钮和旋钮?

①波形稳定显示;

②上下、左右移动波形;

③改变波形垂直方向的大小;

④改变波形显示周期数。

(2)用示波器观测图 1.1.5 中输出电压时,把示波器的输入耦合方式置为"交流"时观测到的波形,与输入耦合方式置为"直流"时观测到的波形相比有什么差别?

(3)用交流毫伏表测量正弦波电压信号,其读数是正弦波信号的什么参数?能否测量非正弦波信号?

实验 1.2　晶体管共发射极放大电路研究

1.2.1　实验目的

(1)学习共发射极放大电路静态工作点的调试方法。
(2)掌握共发射极放大电路动态性能指标的调测方法。
(3)巩固实验室常用电子仪器的使用方法。

1.2.2　实验原理

1. 实验电路

实验电路如图 1.2.1 所示,由图可知,该电路为共发射极电压放大器,以射极偏置的方式确定静态工作点。

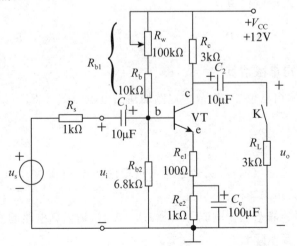

图 1.2.1　晶体管共发射极放大电路原理图

2. 静态工作点估算

$$U_B = \frac{R_{b2} V_{CC}}{R_{b1} + R_{b2}} \tag{1.2.1}$$

$$U_E = U_B - U_{BE} \tag{1.2.2}$$

式中：U_{BE} 对于硅管取 0.7V，对于锗管取 0.3V。

$$I_C \approx I_E \approx \frac{U_E}{R_{e1} + R_{e2}} \tag{1.2.3}$$

$$U_{CE} = V_{CC} - I_C (R_c + R_{e2} + R_{e1}) \tag{1.2.4}$$

I_B 的大小无须计算。

3. 放大电路的小信号等效电路

放大电路的小信号等效电路如图 1.2.2 所示。

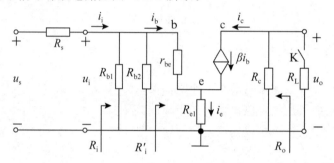

图 1.2.2　放大电路的小信号等效电路

4. 电压放大倍数估算

$$A_u = \frac{u_o}{u_i} = \frac{-\beta I_b (R_c /\!/ R_L)}{I_b r_{be} + (1+\beta) I_b R_{e1}} = \frac{-\beta (R_c /\!/ R_L)}{r_{be} + (1+\beta) R_{e1}} \tag{1.2.5}$$

5. 放大电路输入电阻估算

$$R_i = \frac{u_i}{i_i} = R_i' /\!/ R_{b1} /\!/ R_{b2} = [(1+\beta) R_{e1} + r_{be}] /\!/ R_{b1} /\!/ R_{b2} \tag{1.2.6}$$

6. 放大电路输出电阻估算

忽略晶体管的输出电阻 r_{ce}，则放大电路的输出电阻为 $R_o \approx R_c$。

1.2.3　预习要求

（1）复习所学的理论知识，对实验电路进行理论分析，了解每个元器件的作用。掌握色标电阻的识读及其相关知识。

（2）若要求电路的静态工作电流为 $I_C = 1.4\text{mA}$ 时，请估算电路的基极偏置电阻 R_{b1} 的阻值，并估算相应的管压降 U_{CE}。

（3）设晶体管的 $\beta = 100$，$I_C = 1.4\text{mA}$ 时，估算放大电路的电压放大倍数 A_u、输入电阻 R_i 和输出电阻 R_o。

（4）预习实验内容，了解放大电路的静态工作点及动态性能指标的调测方法。

（5）用图解分析法求直流负载线、交流负载线和静态工作点。

（6）复习示波器、函数信号发生器、交流毫伏表等仪器的使用方法。

1.2.4 实验设备与元器件

实验中用到的设备与主要元器件如表 1.2.1 所示。

表 1.2.1 实验设备与主要元器件

序号	名称	型号规格	数量	序号	名称	型号规格	数量
1	模拟电子技术实验箱			5	万用表		
2	示波器			6	直流稳压电源		
3	函数信号发生器			7	主要元器件		
4	交流毫伏表						

1.2.5 实验内容

晶体管共发射极放大电路静态工作点的调整和测量实验视频

1. 连接电路

按图 1.2.1 所示原理图连接成实验电路。

2. 调测静态工作点

（1）令 $u_i = 0$（即放大电路的输入端短接），接好 +12V 电源。

（2）调节电位器 R_w，直到用万用表直流电压挡测晶体管发射极对地电位 U_E 约为 1.5V 为止，根据式（1.2.3）计算 I_C。

（3）测量集电极对地电位 U_C 的值，计算晶体管 VT 的静态压降 U_{CE}（$= U_C - U_E$）。

晶体管共发射极放大电路动态性能指标的测量实验视频

（4）测量基极对地电位 U_B 的值，计算 U_{BE}（$= U_B - U_E$）。

（5）测量基极偏置电阻 R_{b1}（$= R_w + R_b$）。注意，测电阻 R_{b1} 时要脱开电阻 R_b、R_w 的支路。

（6）把上述数据记入表 1.2.2 中。根据这些数据，判断晶体管 VT 是否工作于放大状态。

表 1.2.2 静态工作点测量数据表

实际测量值				测量计算值		
U_E（V）	U_C（V）	U_B（V）	R_{b1}（kΩ）	U_{CE}（V）	U_{BE}（V）	I_C（mA）

3. 调测电压放大倍数 A_u

音频（20Hz～20kHz）电子线路常以1000Hz的正弦波为调测信号（中频信号）。在此调测操作中，要用到示波器、函数信号发生器、交流毫伏表及直流稳压电源。一定要注意各仪器与被测线路的共地连接。共地连接的作用是让各信号有一个共同的参考电位、有其自己的回路以及防止50Hz电磁场的严重干扰。

（1）调节函数信号发生器输出一个频率为1000Hz、有效值为40mV的正弦波电压，并送到放大电路的输入端作为 u_s。

（2）调节双踪示波器，观察放大电路输入电压 u_s 和输出电压 u_o 的稳定波形。注意观察输出电压 u_o 有无失真情况，如有失真，应减少输入电压的幅度。在输出不失真条件下，用交流毫伏表测取输入电压 u_i 和输出电压 u_o 的有效值，记入表2.3。

（3）去掉 R_L 负载电阻（即 $R_L \to \infty$），保持 u_i 幅度不变，此时再测得输出电压有效值 U_{oc}，记入表1.2.3。

表 1.2.3　电压放大倍数测量数据表

U_i (mV)	有负载的情况, $R_L=$ _____			负载断开的情况, $R_L \to \infty$		
	U_o(V)	A_u 理论估算值	A_u 实际测量值	U_{oc}(V)	A_u 理论估算值	A_u 实际测量值

在上述两种情况下分别计算出 A_u，并与理论估算值进行比较。

4. 调测放大电路输入电阻 R_i 和输出电阻 R_o

函数信号发生器输出一个频率1000Hz、有效值为40mV的正弦波电压，作为 u_s。测得 R_s 前后两个电压的有效值 U_s 和 U_i，由式（1.2.7）便可计算出放大电路的输入电阻 R_i。其测试原理如图1.2.3所示。

$$R_i = \frac{U_i}{I_i} = \frac{U_i}{\dfrac{U_s - U_i}{R_s}} = \frac{U_i}{U_s - U_i} R_s \qquad (1.2.7)$$

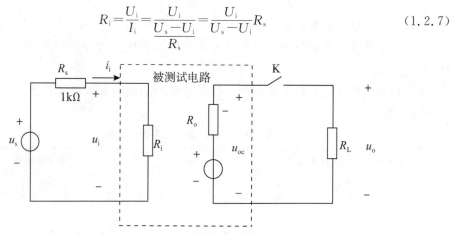

图 1.2.3　R_i 及 R_o 的测试原理图

同理，保持 u_s 频率和大小不变，测得输出电压有效值 U_{oc}（$R_L \to \infty$ 时）及 U_o（$R_L=3k\Omega$

时),可由式(1.2.8)计算放大器输出电阻 R_o。

$$R_o = \frac{U_{oc} - U_o}{\frac{U_o}{R_L}} = \frac{U_{oc} - U_o}{U_o} R_L \tag{1.2.8}$$

将所测数据记入表 1.2.4,并分析测试结果。

表 1.2.4 输入电阻和输出电阻测量数据表

U_s (mV)	测输入电阻 R_i				测输出电阻 R_o				
	实际测量值		测量计算值	理论估算值	实际测量值			测量计算值	理论估算值
	U_i (mV)	R_s (kΩ)	R_i (kΩ)	R_i (kΩ)	U_o(V) (接 R_L 时)	U_{oc}(V) ($R_L \to \infty$)	R_L (kΩ)	R_o (kΩ)	R_o (kΩ)

5. 观察静态工作点调试不当引起的输出波形失真

置 $R_L \to \infty$(开关 K 断开)、$u_s = 0$,调节 R_w 使 $U_E \approx 1.5V$($I_C \approx 1.4mA$),测出 U_{CE} 的值,再逐步适当加大输入信号 u_s 幅度,使输出 u_o 足够大且不失真。然后保持输入信号 u_s 不变,分别增大或减少 R_w,观察静态工作点调试不当所引起的输出波形失真,记录 u_o 饱和失真和截止失真的波形,并测量失真情况下的 I_C 和 U_{CE} 的值,记入表 1.2.5,测试方法同实验内容 2。注意测 I_C 和 U_{CE} 的值时,都要使 u_s 置零。

表 1.2.5 静态工作点调试不当时放大电路的工作情况记录($R_L \to \infty$)

静态工作点		失真类型	工作状态	u_o 波形
I_C(mA)	U_{CE}(V)			

6. 调测最大不失真输出电压与输入电压

在调节电位器 R_w 改变静态工作点的同时,仔细调节输入信号的幅度,用示波器观察输出波形,调到输出波形的波峰波谷均刚好不失真时,表示静态工作点已基本上调在交流负载线的中点。用交流毫伏表分别测取此时的输出电压和输入电压,即为该放大器的最大不失真输出电压有效值 U_{om} 和最大不失真输入电压有效值 U_{im},则输出电压最大动态范围(峰峰值)$U_{opp} = 2\sqrt{2} U_{om}$,也可以在示波器上直接读出 U_{opp},把测试结果记入表 1.2.6。

注意,R_L(3kΩ)接入电路与不接入电路的两种情况都需要测试,并比较两种情况下测得的结果。

表 1.2.6　最大不失真输出电压和输入电压测试数据表

负载 R_L	I_C(mA)	U_{im}(mV)	U_{om}(V)	U_{opp}(V)
3kΩ				
∞				

1.2.6　实验报告要求

(1)明确实验目的,叙述实验原理。

(2)整理测量结果,并把实测的静态工作点、电压放大倍数、输入电阻、输出电阻的值与理论计算值进行比较,分析产生误差的原因。

(3)讨论 R_L 及静态工作点对放大电路电压放大倍数、输入电阻、输出电阻的影响。

(4)讨论静态工作点变化对放大电路输出波形的影响。

(5)记录在调试过程中出现的故障,分析产生故障的原因及排除故障的方法。

1.2.7　思考题

(1)当调节偏置电阻 R_w,使放大电路输出波形出现饱和或截止失真时,晶体管的管压降 U_{CE} 怎样变化?

(2)如何判断截止失真和饱和失真?

(3)要使输出波形不失真且幅值最大,最佳的静态工作点是否应选在直流负载线的中点上?

(4)测试中,如果将函数信号发生器、交流毫伏表、示波器中任一仪器接地端不再与其他的连在一起,将会出现什么问题?

实验

1.3

场效应管放大电路研究

1.3.1 实验目的

(1)了解结型场效应管的性能和特点。

(2)熟悉场效应管放大器的静态工作点和动态参数的测试方法。

1.3.2 实验原理

场效应管是一种电压控制型器件,按结构可分为结型和绝缘栅型两种类型。由于场效应管栅源之间处于绝缘或反向偏置,所以输入电阻很高(一般可达上百兆欧),又由于场效应管热稳定性好,抗辐射能力强,噪声系数小,便于大规模集成,因此得到越来越广泛的应用。

1. 实验电路

实验电路是如图 1.3.1 所示的由结型场效应管组成的自偏压式共源极放大电路,其中 R_W 用于调节静态工作点 Q。结型场效应管 VT 可以选 3DJ6G,也可以用性能指标类似的其他型号代替,如 2N3822。要注意的是,由于制造工艺的分散性,同一型号的场效应管,其参数(包括 I_{DSS} 和夹断电压 U_P)是存在一些差异的,场效应管数据手册中给出了它们的数值范围。表 1.3.1 列出了 3DJ6G 的典型参数值及测试条件。

表 1.3.1 3DJ6G 的典型参数值及测试条件

参数名称	饱和漏极电流 I_{DSS}(mA)	夹断电压 U_P(V)	跨导 g_m(μA/V)
测试条件	$U_{DS}=10V$ $U_{GS}=0V$	$U_{DS}=10V$ $I_{DS}=50\mu A$	$U_{DS}=10V$ $I_{DS}=3mA$ $f=1kHz$
参数值	3.0～6.5	<|−9|	>1000

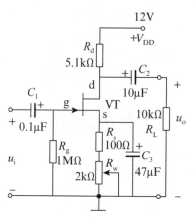

图 1.3.1　结型场效应管组成的共源极放大电路

场效应管的伏安特性包括输出特性和转移特性曲线，可以通过晶体管特性图示仪进行测试。图 1.3.2 所示为某 3DJ6G 的输出特性和转移特性曲线，从图中可求得其饱和漏极电流 I_{DSS} 和夹断电压 U_P，以及低频互导 g_m：

$$g_m \approx \frac{\Delta i_D}{\Delta u_{GS}}\bigg|_{U_{DS}=常数} \tag{1.3.1}$$

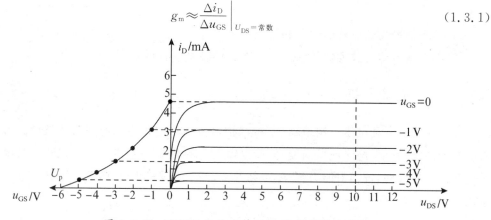

图 1.3.2　3DJ6G 的输出特性和转移特性曲线

2. 场效应管放大电路静态工作点和动态性能指标分析

图 1.3.1 所示的结型场效应管共源极放大电路的静态工作点 $Q(U_{GS}、U_{DS}、I_D)$ 可由式 (1.3.2) 至式 (1.3.4) 联立求得：

$$U_{GS}=U_G-U_S=-I_D R_s \tag{1.3.2}$$

$$I_D=I_{DSS}\left(1-\frac{U_{GS}}{U_P}\right)^2 \tag{1.3.3}$$

$$U_{DS}=U_D-U_S=V_{DD}-I_D(R_d+R_s) \tag{1.3.4}$$

电压放大倍数

$$A_u=-g_m R_L{}'=-g_m(R_d//R_L) \tag{1.3.5}$$

输入电阻

$$R_i=R_g+R_{g1}//R_{g2} \tag{1.3.6}$$

输出电阻

$$R_o \approx R_d \tag{1.3.7}$$

式中:跨导 g_m 可在特性曲线中的 Q 点处用作图法求得,或用式(1.3.8)估算,式(1.3.8)中的 U_{GS} 是静态工作点处的值。

$$g_m = -\frac{2I_{DSS}}{U_P}\left(1 - \frac{U_{GS}}{U_P}\right) \tag{1.3.8}$$

3. 输入电阻的测量方法

场效应管放大电路的静态工作点、电压放大倍数和输出电阻的测量方法,与实验 1.2 中的测量方法相同。其输入电阻 R_i 的测量,从原理上讲,也可用实验 1.2 中所述方法,但由于场效应管放大电路的输入电阻 R_i 比较大,如果直接测量输入电压有效值 U_s 和 U_i,则由于测量仪器的输入电阻有限,必然会带来较大的测量误差。因此为了减小误差,常利用被测放大电路的隔离作用,通过测量输出电压有效值 U_o 来计算输入电阻。测量电路如图 1.3.3 所示。

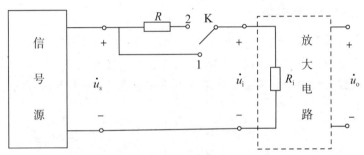

图 1.3.3 输入电阻测量电路

在放大电路的输入端串接电阻 R,把开关 K 掷向位置"1",测量放大器的输出电压(记为 U_{o1});保持 U_s 不变,再把 K 掷向"2",测量放大器的输出电压(记为 U_{o2})。由于两次测量中 A_u 和 U_s 保持不变,故

$$U_{o2} = A_u U_i = \frac{R_i}{R + R_i} U_s A_u \tag{1.3.9}$$

$$U_{o1} = U_s A_u \tag{1.3.10}$$

由此可以求出

$$R_i = \frac{U_{o2}}{U_{o1} - U_{o2}} R \tag{1.3.11}$$

式中:R 和 R_i 不要相差太大,本实验可取 $R = 100 \sim 200\text{k}\Omega$。

1.3.3 预习要求

(1)复习有关场效应管相关内容,根据实验电路参数估算管子的静态工作点,并结合图 1.3.2 求出工作点处的跨导 g_m。

(2)估算图 1.3.1 所示场效应管放大电路的各项动态性能指标。

1.3.4 实验设备与元器件

实验中用到的设备与主要元器件如表 1.3.2 所示。

表 1.3.2 实验设备与主要元器件

序号	名称	型号规格	数量	序号	名称	型号规格	数量
1	模拟电子技术实验箱			5	万用表		
2	示波器			6	直流稳压电源		
3	函数信号发生器			7	主要元器件		
4	交流毫伏表						

1.3.5 实验内容

1. 静态工作点的调整和测量

按图 1.3.1 连接电路,令 $u_i=0$,接通＋12V 电源,用万用表直流电压挡测量场效应管各电极的电位 U_G、U_S 和 U_D。检查静态工作点是否合适,是否在伏安特性曲线放大区的中间部分。如果静态工作点合适,则由下列公式计算静态工作点:

$$U_{GS}=U_G-U_S \tag{1.3.12}$$

$$I_D=\frac{V_{DD}-U_D}{R_d} \tag{1.3.13}$$

$$U_{DS}=U_D-U_S \tag{1.3.14}$$

场效应管共源极放大电路静态工作点的调整和测量实验视频

若静态工作点不合适,则适当调整 R_w,调好后,再测量 U_G、U_S 和 U_D,并计算 U_{DS}、U_{GS} 和 I_D。把结果记入表 1.3.3,并与理论值相比较。

表 1.3.3 测量静态工作点的数据

实际测量值			测量计算值			理论估算值		
$U_G(V)$	$U_S(V)$	$U_D(V)$	$U_{DS}(V)$	$U_{GS}(V)$	$I_D(mA)$	$U_{DS}(V)$	$U_{GS}(V)$	$I_D(mA)$

2. 电压放大倍数 A_u、输入电阻 R_i 和输出电阻 R_o 的测量

(1)A_u 和 R_o 的测量

在放大电路的输入端加入频率为 1kHz、有效值为 50～100mV 的正弦信号 u_i,并用示波器监视输出电压 u_o 的波形。在输出电压 u_o 无失真的情况下,用交流毫伏表分别测量 $R_L \rightarrow \infty$ 和 $R_L=10k\Omega$ 时的输入电压有效值 U_i 和输出电压有效值 U_o.(注意:保持输入信号大小不变),通过测得的这些 U_i、U_o 得到放大倍数 A_u 和输出电阻 R_o,R_o 的测量计算值可参见实验 1.2 中的式(1.2.8)。

场效应管共源极放大电路动态性能指标的测量实验视频

将结果记入表1.3.4,并与理论估算值相比较。

用示波器同时观察 u_i 和 u_o 的波形,记录波形并分析它们的相位关系。

表 1.3.4 测量 A_u 和 R_o 的数据

负载 R_L	实际测量值		测量计算值		理论估算值		u_i 和 u_o 的波形
	$U_i(V)$	$U_o(V)$	A_u	$R_o(k\Omega)$	A_u	$R_o(k\Omega)$	
∞							
$10k\Omega$							

(2) R_i 的测量

按图1.3.3改接实验电路,选择合适大小的输入电压 u_s(有效值取 $50\sim100mV$),将开关 K 掷向"1",测出输出电压 U_{o1},然后将开关掷向"2",保持 U_s 大小不变,再测出 U_{o2},根据式(1.3.11)计算 R_i,记入表1.3.5,并与理论值相比较。

表 1.3.5 测量 R_i 的数据

实际测量值		测量计算值	理论估算值
$U_{o1}(V)$	$U_{o2}(V)$	$R_i(k\Omega)$	$R_i(k\Omega)$

1.3.6 实验报告要求

(1)明确实验目的,叙述实验原理。

(2)整理实验数据,将测得的静态工作点、A_u、R_i、R_o 与理论估算值进行比较,分析产生差异的原因。

(3)对比 BJT 晶体管组成的共发射极放大电路,总结场效应管组成的共源极放大电路的特点。

(4)分析测试中出现的问题及解决方法,总结实验收获。

1.3.7 思考题

(1)场效应管放大电路输入回路的电容 C_1 为什么可以取得小一些(可以取 $C_1=0.1\mu F$)?

(2)为什么测量场效应管输入电阻时要用测量输出电压的方法?

(3)图1.3.1中当电容 C_3 不接入时,在输入信号不变的情况下,放大电路的输出电压如何变化?

(4)如果随着输入信号电压的增加,输出波形首先出现截止失真,则 R_w 应该调大还是调小?

(5)R_w 的值是否影响电压放大倍数?

(6)如图1.3.1所示电路,还可以用别的偏置方式吗?请例举一种,画出相应电路,自选一种仿真软件完成仿真验证。分析比较两种偏置的特点。

实验 1.4

差分放大电路研究

1.4.1 实验目的

(1)加深对差分放大电路性能及特点的理解。

(2)掌握差分放大电路主要性能指标的测试方法。

1.4.2 实验原理

图 1.4.1 是差分放大电路的基本结构。它由两个元件参数相同的基本共射极放大电路组成。当开关 K 拨向左边时,构成典型的差分放大电路。调零电位器 R_P 用来调节 VT_1、VT_2 管的静态工作点,使得输入信号 $u_{i1} = u_{i2} = 0$ 时,双端输出电压 $u_o = 0$。R_e 为两管共用的发射极电阻,它对差模信号无负反馈作用,因而不影响差模电压放大倍数,但对共模信号有较强的负反馈作用,故可以有效地抑制零漂和共模信号,并稳定静态工作点。

当开关 K 拨向右边时,构成具有恒流源的差分放大电路。它用晶体管单管恒流源代替发射极电阻 R_e,可以进一步提高差分放大电路抑制零漂和共模信号的能力。

本实验电路在两个输入端分别接了 510Ω 电阻,使差分放大电路的输入电阻下降至略小于 510Ω,这是很小的输入电阻,其原因是,本实验电路用分立元件组成,电路中对称元件的参数并不完全相等;其发射极为晶体管单管恒流源而不是镜像电流源,恒流性不够好,所以本实验电路的共模抑制比并不高,若本实验电路在输入端不接 510Ω 电阻,其输入电阻将较大,而共模抑制比又不够高,实验环境中难免存在的高内阻共模干扰将进入输入端,这样输出端的共模干扰将较大,致使验证差分放大电路特性的实验难以进行。由于实验中所用信号源都为低输出电阻信号源,所以输入端接上 510Ω 后几乎不影响实验电路接收来自信号源的信号,而高内阻共模干扰因实验电路输入电阻大大下降而基本上被拒之输入端之外,从而使得输出端的共模干扰很小,让实验得以顺利进行。输入端接 510Ω 电阻并不改变差分放大电路的共模抑制比。

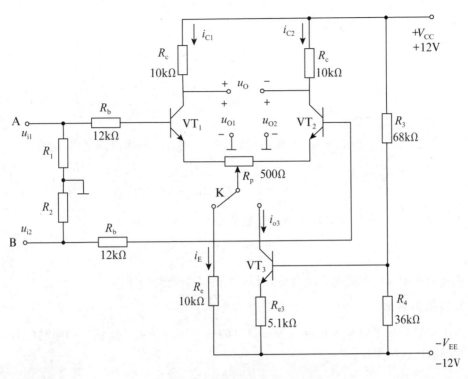

图 1.4.1 差分放大电路实验原理图

1. 静态工作点的估算

对于图 1.4.1 所示电路,开关 K 拨向左边时:

$$I_E \approx \frac{V_{EE} - U_{BE}}{R_e} \quad (认为 U_{B1} = U_{B2} \approx 0) \tag{1.4.1}$$

$$I_{C1} = I_{C2} = \frac{1}{2} I_E \tag{1.4.2}$$

开关 K 拨向右边时:

$$I_{C3} \approx I_{E3} \approx \frac{\dfrac{R_4}{R_3 + R_4}(V_{CC} + V_{EE}) - U_{BE}}{R_{e3}} \tag{1.4.3}$$

$$I_{C1} = I_{C2} = \frac{1}{2} I_{C3} \tag{1.4.4}$$

2. 差模电压放大倍数和共模电压放大倍数

(1)差模电压放大倍数

差模输入情况下,$u_{i1} = -u_{i2} = \frac{1}{2} u_{id}$。当差分放大电路的发射极电阻 R_e 足够大,或采用恒流源电路时,差模电压放大倍数 A_{ud} 主要由输出端方式决定。

对于双端输出(R_p 在中心位置时):

$$A_{ud} = \frac{u_o}{u_{id}} = -\frac{\beta R_c}{R_b + r_{be} + \frac{1}{2}(1+\beta)R_p} \tag{1.4.5}$$

对于单端输出：

$$A_{ud1} = \frac{u_{o1}}{u_{id}} = \frac{1}{2} A_{ud} \qquad (1.4.6)$$

$$A_{ud2} = \frac{u_{o2}}{u_{id}} = -\frac{1}{2} A_{ud} \qquad (1.4.7)$$

（2）共模电压放大倍数

当共模输入时，$u_{i1} = u_{i2} = u_{ic}$，共模信号等于输入信号。若为单端输出，则有

$$A_{uc1} = A_{uc2} = \frac{u_{o1}}{u_{ic}} = \frac{-\beta R_c}{R_b + r_{be} + (1+\beta)\left(\frac{1}{2}R_p + 2R_e\right)} \approx -\frac{R_c}{2R_e} \qquad (1.4.8)$$

若为双端输出，在电路对称相等的理想情况下：

$$A_{uc} = \frac{u_o}{u_{ic}} = 0 \qquad (1.4.9)$$

实际上由于元件不可能完全对称，因此 A_{uc} 也不会绝对等于零。

3. 共模抑制比

为了综合衡量差分放大电路对差模信号的放大作用和对共模信号的抑制能力，通常用共模抑制比这一指标：

$$K_{CMR} = \left| \frac{A_{ud}}{A_{uc}} \right| \qquad (1.4.10)$$

或

$$K_{CMR} = 20\log \left| \frac{A_{ud}}{A_{uc}} \right| \qquad (1.4.11)$$

差分放大电路的输入信号可以是直流信号也可以是交流信号。本实验由函数信号发生器提供频率为 $f = 1\text{kHz}$ 的正弦信号作为输入信号。

1.4.3　预习要求

（1）复习与差分放大电路有关的内容，理解差分放大电路的工作原理。

（2）根据实验电路参数，估算典型差分放大电路和具有恒流源的差分放大电路的静态工作点及差模电压放大倍数（$\beta_1 = \beta_2 = 100$）。

（3）实验中怎样获得双端输入差模信号？怎样获得共模信号？画出 A、B 端与信号源之间的连接图。

1.4.4　实验设备与元器件

实验中用到的设备与主要元器件如表 1.4.1 所示。

表 1.4.1　实验设备与主要元器件

序号	名称	型号规格	数量	序号	名称	型号规格	数量
1	模拟电子技术实验箱			5	万用表		
2	示波器			6	直流稳压电源		
3	函数信号发生器			7	主要元器件	NPN 型晶体管	
4	交流毫伏表						

1.4.5　实验内容

典型差分放大
电路性能测试
实验视频

1. 典型差分放大电路性能测试

按图 1.4.1 连接实验电路,开关 K 拨向左边构成典型差动放大电路。

(1)调测静态工作点

①调节放大电路零点。信号源不接入,即把放大电路输入端 A、B 与地短接,接通图 1.4.1 中±12V 直流电源,用万用表的直流电压挡测量输出电压 U_O,调节调零电位器 R_p,使 $U_O=0$。调节时要仔细,U_O 在 10mV 以下即可认为调零完成。

②测量静态工作点。调好零点以后,测量 VT_1、VT_2 管各电极静态直流电位及发射极电阻 R_e 两端直流电压 U_{Re},记入表 1.4.2。

表 1.4.2　静态工作点数据表

实际测量值	U_{C1}(V)	U_{B1}(V)	U_{E1}(V)	U_{C2}(V)	U_{B2}(V)	U_{E2}(V)	U_{Re}(V)
测量计算值	U_{CE1}(V)	U_{BE1}(V)	U_{CE2}(V)	U_{BE2}(V)	I_{C1}(mA)	I_{C2}(mA)	I_{Re}(mA)

(2)调测差模电压放大倍数

切断图 1.4.1 放大电路中±12V 直流供电电源(或将该电源开关切换至"关")。调节函数信号发生器,产生频率 $f=1kHz$、有效值为 100mV 的正弦信号,接到放大器输入 A、B 端,使差分放大电路构成双端差模输入方式。此时差模信号有效值为 100mV。双踪示波器的两个输入探头分别接至差分放大电路的两个输出 u_{O1} 和 u_{O2},以便观察 u_{O1} 和 u_{O2} 的大小和相位关系。

接通放大电路的±12V 直流供电电源,在放大电路输出波形无失真的情况下,用交流毫伏表测量 u_{O1} 和 u_{O2} 的交流分量有效值 U_{o1}、U_{o2},记入表 1.4.3 中,并注意观察 u_{O1}、u_{O2} 交流分量之间的相位关系,由于 u_{O1}、u_{O2} 交流分量互为反相,因此可计算出双端输出电压 $u_O=u_{O1}-u_{O2}$ 的有效值 $U_o=U_{o1}+U_{o2}$,记入表 1.4.3 中。

增大或减小输入信号的有效值,观察发射极电阻 R_e 两端的直流电压 U_{Re} 随输入电压有效值改变而变化的情况。

（3）测量共模电压放大倍数

将差分放大电路 A、B 短接，输入信号源接 A 端与地之间，构成共模输入方式，调节输入信号频率 $f=1\text{kHz}$，有效值 $U_{\text{i}1}=1\text{V}$，在输出电压无失真的情况下，用交流毫伏表测量 $u_{\text{O}1}$ 和 $u_{\text{O}2}$ 的交流分量有效值 $U_{\text{o}1}$、$U_{\text{o}2}$，记入表 1.4.3，并注意观察 $u_{\text{O}1}$、$u_{\text{O}2}$ 交流分量之间的相位关系。由于 $u_{\text{O}1}$、$u_{\text{O}2}$ 交流分量是同相位的，因此可计算出双端输出电压 $u_{\text{O}}=u_{\text{O}1}-u_{\text{O}2}$ 的有效值 $U_{\text{o}}=\left|U_{\text{o}1}-U_{\text{o}2}\right|$，记入表 1.4.3 中。

增大或减小输入信号的有效值，观察发射极电阻 R_{e} 两端的直流电压 U_{Re} 随输入电压有效值改变而变化的情况。

（4）计算共模抑制比 K_{CMR}

K_{CMR} 由下式计算，结果记入表 1.4.3。

$$K_{\text{CMR}}=\left|\frac{A_{\text{ud}1}}{A_{\text{uc}1}}\right| \tag{1.4.12}$$

表 1.4.3　动态参数测量数据

	典型差分放大电路		具有恒流源的差分放大电路	
	双端差模输入	共模输入	双端差模输入	共模输入
$U_{\text{i}1}(\text{V})$				
$U_{\text{i}2}(\text{V})$		/		/
$U_{\text{o}1}(\text{V})$				
$U_{\text{o}2}(\text{V})$				
$U_{\text{o}}(\text{V})$				
$A_{\text{ud}1}=\dfrac{U_{\text{o}1}}{U_{\text{id}}}$		/		/
$A_{\text{ud}}=\dfrac{U_{\text{o}}}{U_{\text{id}}}$		/		/
$A_{\text{uc}1}=\dfrac{U_{\text{o}1}}{U_{\text{ic}}}$	/		/	
$A_{\text{uc}}=\dfrac{U_{\text{o}}}{U_{\text{ic}}}$	/		/	
$K_{\text{CMR}}=\left|\dfrac{A_{\text{ud}1}}{A_{\text{uc}1}}\right|$				

2. 具有恒流源的差分放大电路的性能测试

将图 1.4.1 电路中开关 K 拨向右边，构成具有恒流源的差分放大电路。重复实验内容 1 中（2）～（4）的相关要求，将结果记入表 1.4.3。

具有恒流源的
差分放大电路
的性能测试实
验视频

1.4.6　实验报告要求

(1)明确实验目的,叙述实验原理。

(2)整理实验数据,比较实验结果和理论估算值,分析产生误差的原因。

①比较根据实验电路用公式计算的静态工作点与实际测量值。

②比较差模电压放大倍数的理论估算值与实际测量值。

③比较典型差分放大电路单端输出时 K_{CMR} 的实际测量值与具有恒流源差分放大电路的 K_{CMR} 实际测量值。

④记录 u_{O1}, u_{O2} 的波形,并比较这两个电压之间的相位关系。

(3)根据实验结果,总结电阻 R_e 和恒流源的作用。

1.4.7　思考题

(1)为什么在测量差分放大电路的静态工作点和动态指标前,一定要对差分放大电路进行静态调零? 调零时用什么仪表来测量 U_O 的值?

(2)测量静态工作点时,放大电路输入端 A、B 与地应如何连接?

(3)测量差模电压放大倍数时,放大电路输入端 A、B 与信号源之前应如何连接?

(4)测量共模电压放大倍数时,放大电路输入端 A、B 与信号源之前应如何连接?

实验 1.5 负反馈对放大电路性能影响的研究

1.5.1 实验目的

(1)加深理解负反馈对放大电路各项性能指标的影响。

(2)掌握负反馈放大电路的测试方法。

1.5.2 实验原理

负反馈在放大电路中有着非常广泛的应用,虽然它使放大电路的放大倍数降低,但能从多方面改善放大电路的动态指标,如稳定放大倍数、改变输入电阻和输出电阻、减小非线性失真和展宽通频带等。因此,几乎所有的实用放大电路都带有负反馈。

负反馈有四种组态,即电压串联、电压并联、电流串联、电流并联。本实验以电压串联负反馈为例,分析负反馈对放大电路各项性能指标的影响。

图 1.5.1 为带有负反馈的两级阻容耦合放大电路,在电路中通过 R_f、C_f 把输出电压 u_o 引回到输入端,加在晶体管 VT_1 的发射极上,形成反馈电压 u_f。根据反馈类型的判断方法,可知它属于电压串联交流负反馈。

1. 主要性能参数

(1)闭环电压放大倍数

$$A_{uf} = \frac{A_u}{1 + A_u F_u} \tag{1.5.1}$$

其中,$A_u = U_o/U_i$ 是基本放大电路(无反馈)的电压放大倍数,即开环电压放大倍数。$1 + A_u F_u$ 是反馈深度,它的大小决定了负反馈对放大电路性能改善的程度。

(2)反馈系数

$$F_u = \frac{R_{f1}}{R_f + R_{f1}} \tag{1.5.2}$$

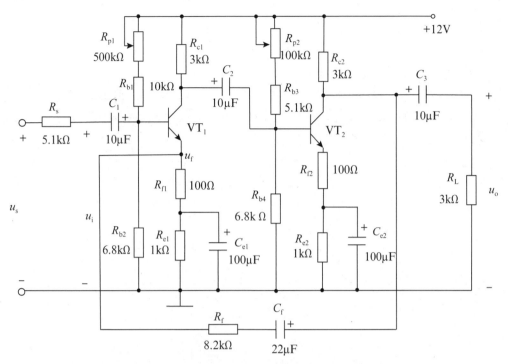

图 1.5.1　带有电压串联负反馈的两级阻容耦合放大器

（3）输入电阻

$$R_{if} = (1 + A_u F_u) R_i \tag{1.5.3}$$

其中，R_i 是基本放大电路的输入电阻。

（4）输出电阻

$$R_{of} = \frac{R_o}{1 + A_{uo} F_u} \tag{1.5.4}$$

其中，R_o 是基本放大电路的输出电阻；A_{uo} 是基本放大电路 $R_L = \infty$ 时的电压放大倍数。

2. 消除负反馈作用后的基本放大电路

本实验需要测量基本放大电路的动态参数，那么怎样实现无反馈而得到基本放大器呢？不能简单地断开反馈支路，而是要去掉反馈作用，但又要把反馈网络的影响（负载效应）考虑到基本放大电路中去。为此，应：

（1）在画基本放大器的输入回路时，因为是电压负反馈，所以可将负反馈放大电路的输出端交流短路，即令 $u_o = 0$，此时 R_f、C_f 相当于并联在 VT_1 管的发射极上。

（2）在画基本放大电路的输出回路时，由于输入端是串联负反馈，因此需将反馈放大电路的输入端（VT_1 管的射极）开路，此时（$R_f + R_{f1}$）相当于并接在输出端。可近似认为 R_f 并接在输出端。

根据上述规律，就可得到所要求的如图 1.5.2 所示的基本放大电路。

1.5.3 预习要求

(1)复习有关负反馈放大电路的内容。

(2)按实验电路图 1.5.1 估算放大器的静态工作点(取 $\beta_1 = \beta_2 = 100$)。

(3)估算基本放大电路的放大倍数 A_u、输入电阻 R_i 和输出电阻 R_o;估算负反馈放大电路的 A_{uf}、R_{if} 和 R_{of},并验算它们之间的关系。

(4)思考怎样把负反馈放大电路改接成基本放大电路?为什么要把 R_f 并接在输入和输出端?

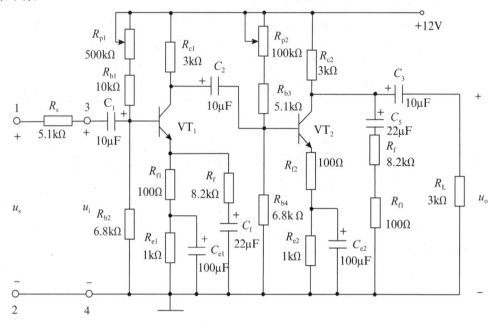

图 1.5.2　图 1.5.1 中消除负反馈作用后的基本放大电路

1.5.4　实验设备与元器件

实验中用到的设备与主要元器件如表 1.5.1 所示。

表 1.5.1　实验设备与主要元器件

序号	名称	型号规格	数量	序号	名称	型号规格	数量
1	模拟电子技术实验箱			5	万用表		
2	示波器			6	直流稳压电源		
3	函数信号发生器			7	主要元器件	NPN 晶体管	
4	交流毫伏表						

1.5.5 实验内容

1. 静态工作点调测

按图 1.5.1 连接实验电路，令 $u_i=0$。

（1）静态工作点的调节

依据实验 1.2 中静态工作点调节方法，通过调节 R_{p1} 调节第一级放大电路的静态工作点，使晶体管 VT_1 的发射极电位 $U_{E1}\approx1.5\ V$。通过调节 R_{p2} 调节第二级放大电路的静态工作点，使晶体管 VT_2 的发射极电位 $U_{E2}\approx1.5V$。这样即完成了整个带负反馈两级阻容耦合放大电路的静态工作点的调节。

（2）静态工作点的测量

用万用表直流电压挡测量第一级、第二级的静态工作点，记入表 1.5.2。

表 1.5.2 静态工作点测量数据

	实际测量值			测量计算值		
	$U_E(V)$	$U_B(V)$	$U_C(V)$	$U_{BE}(V)$	$U_{CE}(V)$	$I_C(mA)$
第一级						
第二级						

2. 测试基本放大电路的动态性能指标

将实验电路按图 1.5.2 改接。

（1）测量中频电压放大倍数 A_u、输入电阻 R_i 和输出电阻 R_o。

①将频率 $f=1kHz$，有效值 $U_s\approx15mV$ 的正弦电压输入放大电路，接上负载 R_L（$3k\Omega$），用示波器监视输出波形 u_o。在 u_o 不失真的情况下，用交流毫伏表测量信号源电压有效值 U_s、输入电压有效值 U_i、输出电压有效值 U_o，记入表 1.5.3。

表 1.5.3 动态性能指标测量数据

	实际测量值				测量计算值		
基本放大器	$U_s(mV)$	$U_i(mV)$	$U_o(V)$	$U_{oc}(V)$	A_u（接有 R_L 时）	$R_i(k\Omega)$	$R_o(k\Omega)$
负反馈放大器	$U_s(mV)$	$U_i(mV)$	$U_o(V)$	$U_{oc}(V)$	A_{uf}（接有 R_L 时）	$R_{if}(k\Omega)$	$R_{of}(k\Omega)$

②保持信号源电压有效值 U_s 不变，断开负载电阻 R_L（注意 R_f 不要断开），测量空载时的输出电压 U_{oc}，记入表 1.5.3。

③计算出 A_u、R_i、R_o、A_{uf}、R_{if}、R_{of}。计算方法可参见实验 1.2 相关内容。

（2）测量通频带 BW

接上 R_L，保持①中的 U_s 不变，然后增加输入信号的频率 f，当输出信号有效值降到原来的数值（1kHz 输入时的输出值）的 0.707 时，相应的输入信号频率值即为放大器的上限频率 f_H；同理，减小输入信号的频率 f，当输出信号有效值降到原来的（1kHz 输入时的输出值）数值的 0.707 时，相应的输入信号频率值即为放大器的下限频率 f_L。计算 $BW = f_H - f_L$，记入表 1.5.4。

表 1.5.4　通频带测量数据

基本放大电路	f_L(kHz)	f_H(kHz)	BW(kHz)
负反馈放大电路	f_L(kHz)	f_H(kHz)	BW(kHz)

3. 测试负反馈放大电路的动态性能指标

将实验电路恢复为图 1.5.1 的负反馈放大电路。设置 $U_s \approx 15\text{mV}$，在输出波形不失真的情况下，测量负反馈放大电路的信号源电压有效值 U_s、输入电压有效值 U_i、输出电压有效值 U_o，并由此计算 A_{uf}、R_{if}、R_{of}，记入表 1.5.3；测出 f_L 和 f_H，并计算 BW，记入表 1.5.4。

4. 观察负反馈对非线性失真的改善

（1）将实验电路改接成如图 1.5.2 所示的基本放大电路形式，在输入端加入 $f = 1\text{kHz}$ 的正弦信号，输入端和输出端接至示波器，逐渐增大输入信号的幅度，使输出波形开始出现失真，记录此时的输出电压波形和输出电压幅度。

（2）将实验电路改接成如图 1.5.1 所示的负反馈放大电路形式，保持输入信号的频率和幅度不变，观察输出波形。并与如图 1.5.2 所示无负反馈时的输出波形进行比较。

1.5.6　实验报告要求

（1）记录基本放大电路和负反馈放大电路放大倍数、输入电阻、输出电阻的测量过程，把实验数据与理论估算值进行比较，分析产生误差的原因。

（2）根据实验结果，总结电压串联负反馈对放大器性能的影响。

（3）总结在整个实验过程中遇到的故障和排除方法。

1.5.7　思考题

（1）若按深度负反馈估算，则闭环电压放大倍数 A_{uf} 为多少？ 和测量值是否一致？ 为什么？

（2）若输入信号存在失真，能否用负反馈来改善？

（3）实验中怎样判断放大电路是否存在自激振荡？ 如何进行消振？

（4）放大电路的 f_L、f_H 主要与电路中的哪些参数有关？

实验
1.6

集成运放组成的基本运算电路设计

1.6.1 实验目的

(1)了解集成运算放大器(简称"运放")的功能和主要参数。

(2)能用集成运算放大器设计、调试和测试比例、加法、减法、积分等基本运算电路。

1.6.2 实验原理

1.集成运算放大器概述及其虚断和虚短概念

集成运算放大器种类繁多,应用十分广泛,分为线性应用(运放工作在线性放大区)和非线性应用(运放工作在非线性饱和区)。通过本实验,进一步掌握集成运算放大器的线性应用。集成运算放大器的电路符号如图1.6.1(a)或(b)所示。

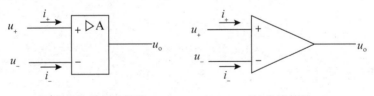

(a)国家标准推荐的符号　　　　　　(b)常用符号

图1.6.1　运算放大器的符号

集成运算放大器内部是直接耦合的多级放大电路,输入级由复合差分放大电路组成,因此两输入端有同相输入端和反相输入端之分;而且输入电阻很大,两端输入电流 i_+、i_- 很小,几乎无电流流动,可视作零,称为虚断。

集成运算放大器中间级由几级电压放大电路组成,且用电流源代替集电极电阻,因此,集成运算放大器的电压放大倍数很高,达数十万倍以上。当运放工作在线性放大区时,输出电压 $u_o = (u_+ - u_-)A_{uo}$,其中 A_{uo} 表示负载开路时运放的开环差模电压增益,由于 A_{uo} 值很高,因此在输出为有限数值的情况下,运放的输入信号 $u_+ - u_-$ 的值很小,有 $u_+ \approx u_-$,称为虚短。

运放线性应用时,常利用虚短和虚断概念分析和设计电路。

运放内部还设有电平移动电路,以保证在两输入端均为对地短路时,输出接近为零。在要求严格的场合,可外接电位器进行调零。

输出级采用推挽互补电路,其输出电阻很小,理论分析时,可视作零。一般地,若一个运放的 $A_{uo} \to \infty$、$R_i = \infty$、$R_o = 0$,则称此运放为理想运放。

集成运算放大器在线性应用方面,可组成比例、加法、减法、加减、积分、微分、对数、反对数等基本模拟运算电路。

本实验采用的集成运算放大器的型号为 μA741,8 脚双列直插式封装,外形和引脚排列如图 1.6.2 所示。

集成运放
μA741 电路
分析视频

图中 1、5 脚是调零端,在实际应用中,若输入信号为零而输出信号不为零时,就需调零。

2 脚是反相输入端"－",3 脚是同相输入端"＋",这两个输入端对于运放的应用极为重要,实验时注意不能接错。

4 脚是负电源输入端,7 脚是正电源输入端,这两个管脚都是集成运放的外接直流电源端,使用时不能接反。

6 脚是集成运放的输出端,实用中与外接负载相连。

8 脚为空脚,使用时可以悬空处理。

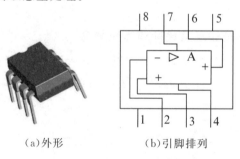

(a)外形　　　　　(b)引脚排列

图 1.6.2　外形和引脚排列

2. 反相比例运算电路

在图 1.6.3 中,同相输入端通过 R_2 接地。利用虚短和虚断的概念,有 $u_+ = u_- = 0$,$i_+ = i_- = 0$,则有

$$i_1 = \frac{u_1 - u_-}{R_1} = \frac{u_1}{R_1}$$

$$i_F = i_1 - i_- = i_1 = \frac{u_1}{R_1}$$

$$u_O = u_- - i_F R_f = -\frac{R_f}{R_1} u_1 \tag{1.6.1}$$

从式(1.6.1)可见,反相比例运算电路也起到了对输入信号 u_1 进行放大的作用,并且输出信号与输入信号反相,因此反相比例运算电路也常称为反相放大电路,其电压放大倍数为

$$A_u = \frac{u_O}{u_1} = -\frac{R_f}{R_1} \qquad (1.6.2)$$

图 1.6.3 中，$R_2 = R_1 // R_f$，称为平衡电阻，是为了保证运放输入级差分放大电路的对称性，减小由于运放输入失调电流 I_{io} 产生的运算误差，提高运算精度而接的。

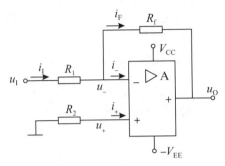

图 1.6.3　反相比例运算电路

3. 同相比例运算电路

电路如图 1.6.4 所示，平衡电阻 $R_2 = R_1 // R_f$。

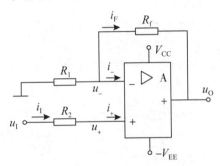

图 1.6.4　同相比例运算电路

图 1.6.4 中，利用虚短（$u_- = u_+$）和虚断（$i_+ = i_- = 0$）的概念，有

$$u_- = u_+ = u_1, \quad u_- = \frac{R_1}{R_1 + R_f} u_O$$

则有

$$u_O = \frac{R_1 + R_f}{R_1} u_1 = \left(1 + \frac{R_f}{R_1}\right) u_1 \qquad (1.6.3)$$

从式（1.6.3）可见，同相比例运算电路也起到了对输入信号进行放大的作用，并且输出信号与输入信号同相，因此同相比例运算电路也常称为同相放大电路，其电压放大倍数为

$$A_u = \frac{u_O}{u_1} = \left(1 + \frac{R_f}{R_1}\right) \qquad (1.6.4)$$

4. 加法运算电路

电路如图 1.6.5 所示，这是二输入的同相加法运算电路，图中 $R_3 = R_1 // R_2 // R_f$，利用虚短和虚断概念（$u_- = u_+ = 0, i_+ = i_- = 0$），由电路得

加法运算
电路视频

$$i_1 = \frac{u_{I1} - u_-}{R_1} = \frac{u_{I1}}{R_1}, i_2 = \frac{u_{I2} - u_-}{R_2} = \frac{u_{I2}}{R_2}$$

$$i_f = i_1 + i_2 - i_- = i_1 + i_2 = \frac{u_{I1}}{R_1} + \frac{u_{I2}}{R_2}$$

$$u_O = u_- - i_F R_f = -i_F R_f = -\left(\frac{R_f}{R_1}u_{I1} + \frac{R_f}{R_2}u_{I2}\right) \tag{1.6.5}$$

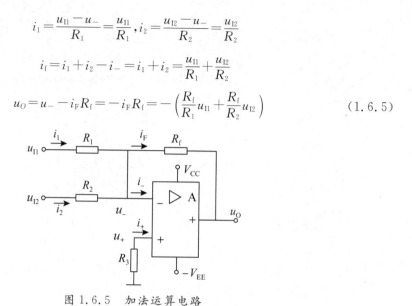

图 1.6.5　加法运算电路

5. 减法运算电路（差分放大电路）

电路如图 1.6.6 所示，为提高运算精度，要求 $R_2 // R_3 = R_1 // R_f$。

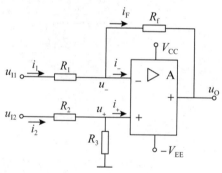

图 1.6.6　减法运算电路

利用虚断概念 $i_+ = i_- = 0$，再根据电路得

$$u_+ = \frac{R_3}{R_2 + R_3}u_{I2}, u_- = \frac{R_f}{R_1 + R_f}u_{I1} + \frac{R_1}{R_1 + R_f}u_O$$

又利用虚短概念 $u_+ = u_-$，得

$$\frac{R_3}{R_2 + R_3}u_{I2} = \frac{R_f}{R_1 + R_f}u_{I1} + \frac{R_1}{R_1 + R_f}u_O \tag{1.6.6}$$

式(1.6.6)经变换得

$$u_O = \frac{R_3(R_1 + R_f)}{R_1(R_2 + R_3)}u_{I2} - \frac{R_f}{R_1}u_{I1} = \frac{R_f}{R_1}\left[\frac{\left(\frac{R_1}{R_f} + 1\right)}{\left(\frac{R_2}{R_3} + 1\right)}u_{I2} - u_{I1}\right] \tag{1.6.7}$$

式(1.6.7)中，当取 $\dfrac{R_1}{R_f} = \dfrac{R_2}{R_3}$ 时，有

$$u_O = \frac{R_f}{R_1}(u_{I2} - u_{I1}) \qquad (1.6.8)$$

6. 积分运算电路

电路如图 1.6.7 所示,利用虚断$(i_+ = i_- = 0)$和虚短$(u_+ = u_-)$,可得

$$i_C = i_R = \frac{u_I}{R}$$

$$u_O = -u_C = -\frac{1}{C}\int i_C \,\mathrm{d}t$$

因此有

$$u_O = -\frac{1}{RC}\int u_I \,\mathrm{d}t \qquad (1.6.9)$$

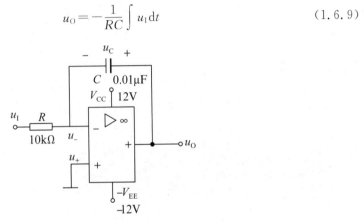

图 1.6.7 积分运算电路

1.6.3 预习要求

(1)复习有关集成运算放大器构成的比例、加法、减法、积分等基本运算电路的内容,理解各电路的工作原理。

(2)查阅资料,了解集成运算放大器 μA741 各引脚功能及主要技术指标。

(3)设计一个反相比例运算电路,运算规律要求是 $u_O = -10u_I$,计算 R_f、R_1 和 R_2 的值,取电阻标称值。可选用的电阻和电位器见表 1.6.1 和表 1.6.2。

(4)设计一个同相比例运算电路,运算规律要求是 $u_O = 11u_I$,计算 R_f、R_1 和 R_2 的值,取电阻标称值。可选用的电阻和电位器见表 1.6.1 和表 1.6.2。

(5)设计一个加法运算电路,运算规律要求是 $u_O = -(5u_{I1} + u_{I2})$,计算 R_f、R_1、R_2 和 R_3 的值,取电阻标称值。可选用的电阻和电位器见表 1.6.1 和表 1.6.2。

(6)设计一个减法运算电路,运算规律要求是 $u_O = 5(u_{I2} - u_{I1})$,计算 R_f、R_1、R_2 和 R_3 的值,取电阻标称值。可选用的电阻和电位器见表 1.6.1 和表 1.6.2。

(7)用电子线路仿真软件 Multisim 对所设计的反相放大电路进行仿真验证。电路的直流供电电源设为 ±12V,输入一个频率 1kHz、有效值 0.5V 的正弦信号,用仿真软件中的万用表或电压表测量输出电压,并求出电压放大倍数;再用仿真软件中的 Bode 图示仪

测量出该反相放大电路的上限频率。

表 1.6.1　供选用的电位器清单

阻值 kΩ	1	2.2	10	22	47	100	220	470
数量	1	1	2	1	1	2	1	1

表 1.6.2　供选用的电阻清单

阻值 kΩ	3	4.3	5.1	6.8	9.1	10	12	15
数量	4	1	2	1	1	6	2	2
阻值 kΩ	20	24	30	36	51	68	100	150
数量	3	2	1	1	2	1	4	1

1.6.4　实验设备与元器件

实验中用到的设备与主要元器件如表 1.6.3 所示。

表 1.6.3　实验设备与主要元器件

序号	名称	型号规格	数量	序号	名称	型号规格	数量
1	模拟电子技术实验箱			5	万用表		
2	示波器			6	直流稳压电源		
3	函数信号发生器			7	主要元器件	集成运放 μA741	
4	交流毫伏表						

1.6.5　实验内容

按照实验线路和预习时计算的电阻值,接好各个实测电路后,要先进行电路调零再测试。

调零时,集成运放 μA741 的 1、5 引脚之间接入一只 100kΩ 调零电位器 R_w,其接法如图 1.6.8 所示。

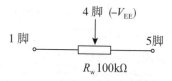

图 1.6.8　运放调零接线

1.反相比例运算电路(反相放大电路)

按图 1.6.3 接线,并在其运放的 1、4、5 脚接入如图 1.6.8 所示电路。接通运放的 ±12V 供电电源($V_{CC}=V_{EE}=12$V)。

反相比例运算
电路实验视频

（1）调零

将电路的输入端 u_1 接地,使 $u_1 = 0$,用万用表直流电压挡测量输出电压 u_O,同时调节调零电位器 R_w,直至 $u_O \leqslant 10\text{mV}$。

（2）电压放大倍数 A_u 的测试

在输入端加交流信号,用示波器分别观察输入、输出波形及它们的相位差,用交流毫伏表测量输入、输出电压,计算电压放大倍数 A_u 并与理论要求值比较。将有关数据填入表 1.6.4。因为要考虑运放的输出幅度的限制,输入电压幅度不能取得太大。

表 1.6.4 反相比例运算电路测量数据

有效值 U_i(V)	有效值 U_o(V)	A_u（实测值）	A_u（理论值）	A_u 相对误差
0.2				

（3）上限频率的测试

集成运算放大器内部线路是采取直接耦合的,所以能对输入的直流信号进行运算、放大和处理。但由于其内部元件多、排列紧凑、相互靠得很近等原因,在信号频率较高时,其分布电容及 PN 结的结电容的影响是比较大的,所以影响了运放的高频使用。测量上限频率 f_H 值的操作如下。

调节函数信号发生器,输出一个频率为 500Hz、有效值为 300mV 的正弦信号,加到反相比例运算电路的输入端作为 u_1,用示波器同时观察输入 u_1 和输出 u_O 的波形,在输出波形不失真的情况下,用交流毫伏表测得 u_O 的有效值 U_O。然后增加输入信号 u_1 的频率,注意保持输入信号有效值 $U_i = 300\text{mV}$ 不变,当输出信号 u_O 有效值下降到原来值 U_O（500Hz 输入时的输出电压有效值）的 0.707 时,对应的输入信号频率读数即为上限频率 f_H。

最后把输入信号频率逐步增加到 100kHz、500kHz,从示波器上看输出信号波形随信号频率的增加发生了什么变化。

记录上述几组数据及波形的变化,并记入表 1.6.5 中,将测得的上限频率与预习要求中仿真测得的上限频率进行比较,思考两者存在差别的原因。

表 1.6.5 反相比例运算电路上限频率测试数据

f (Hz)	U_i (mV)	U_o (V)	$0.707U_o$ (V)	f_H (Hz)	100kHz 时 u_1、u_o 波形	500kHz 时 u_1、u_o 波形
500	300					

2. 同相比例运算电路（同相放大电路）

按图 1.6.4 接线,并在其运放的 1、4、5 脚接入如图 1.6.8 所示电路,接通运放的 ±12V 供电电源。

同相比例运算电路实验视频

（1）调零

将电路的输入端 u_1 接地，使 $u_1＝0$，用万用表直流电压挡测量输出电压 u_O，同时调节调零电位器 R_w，直至 $u_O≤10mV$。

（2）电压放大倍数 A_u 测试

在输入端加交流信号，用示波器分别观察输入、输出波形及它们的相位差，用交流毫伏表测量输入、输出电压，计算电压放大倍数 A_u 并与理论值比较，将有关数据记入表1.6.6。考虑运放的输出幅度的限制，建议输入电压幅度取较小值。

表1.6.6　同相放大电路放大倍数测量数据表

有效值 U_i(V)	有效值 U_o(V)	A_u(实测值)	A_u(理论值)	A_u 的相对误差
0.5				

3.加法运算电路

加法运算电路实验视频

按图1.6.5接线，并在其运放的1、4、5脚接入如图1.6.7所示电路，接通运放的±12V供电电源。

（1）调零

将电路的输入端 u_{I1} 和 u_{I2} 接地，使 $u_{I1}＝u_{I2}＝0$，用万用表直流电压挡测量输出电压 u_O，同时调节调零电位器 R_w，直至 $u_O≤10mV$。

（2）验证输出电压与输入电压的关系

在反相输入端 u_{I1}、u_{I2} 加两个直流信号，用万用表直流电压挡测量输入电压 U_{I1} 和 U_{I2}、以及输出电压 U_O，将输出电压 U_O 与其理论值比较。将有关数据记入表1.6.7。

考虑运放的输出幅度的限制，建议输入电压幅度取较小值。

表1.6.7　加法运算电路测试数据表

U_{I1} (V)	U_{I2} (V)	U_O(V) (实际测量值)	U_O(V) (理论值)	U_O 的相对误差	R_1 (Ω)	R_2 (Ω)	R_3 (Ω)	R_f (Ω)
0.2	0.3							

4.减法运算电路（差分放大电路）

减法运算电路实验视频

按图1.6.6接线，并在其运放的1、4、5脚接入如图6.7所示电路，接通运放的±12V供电电源。

（1）调零

将电路的输入端 u_{I1} 和 u_{I2} 接地，使 $u_{I1}＝u_{I2}＝0$，用万用表直流电压挡测量输出电压 u_O，同时调节调零电位器 R_w，直至 $u_O≤10mV$。

（2）验证输出电压与输入电压的关系

在反相输入端和同相输入端分别加两个直流信号，用万用表直流电压挡测出输入

U_{I1}、U_{I2}和输出电压U_O,并将输出电压U_O与其理论值比较。将有关数据记入表1.6.8。

表1.6.8 减法运算电路测试数据

U_{I1} (V)	U_{I2} (V)	U_O(V) (实际测量值)	U_O(V) (理论值)	U_O的 相对误差	R_1 (Ω)	R_2 (Ω)	R_3 (Ω)	R_f (Ω)
0.2	0.5							

5.积分运算电路

积分运算电路实验视频

按图1.6.7接线,在输入端加频率为2500Hz、峰峰值为12V、占空比为50%、平均值为零的方波电压信号,用示波器观察输入和输出波形,记录和分析观察到的输出波形与输入波形之间的关系,并与理论分析结果进行比较。

1.6.6　实验报告要求

(1)明确实验目的,叙述实验原理。画出各实验电路,标明各元件参数。

(2)整理实验数据,绘制相应的波形图。将实测数据与理论值进行比较,分析产生差异的原因。

(3)总结本实验中各运算电路的特点及性能,总结测试上限频率f_H的方法。

1.6.7　思考题

(1)本实验内容中的各运算电路中的运放工作于线性状态还是非线性状态?

(2)为什么各电路工作之前必须先调零? 用什么方法进行调零?

(3)本实验的各比例、加法、减法运算电路中,当取交流信号作为输入信号时,应考虑运放的哪些因素?

(4)实验中若不小心将正、负电源的极性接反或输出端短路,将会产生什么后果?

实验

1.7

RC 桥式正弦波振荡器设计

1.7.1 实验目的

(1) 掌握 RC 桥式正弦波振荡器的工作原理、设计和调测方法。

(2) 研究 RC 桥式正弦波振荡器中 RC 串并联网络的选频特性。

(3) 研究负反馈网络中稳幅环节的稳幅功能。

(4) 掌握信号频率的几种常用测量方法。

(5) 进一步掌握用双踪示波器测相位差的方法。

1.7.2 实验原理

1. 实验电路

RC 桥式正弦波振荡器的实验电路如图 1.7.1 所示。该电路由两部分组成,分别为放大电路和选频网络。其中,VD_1、VD_2 的作用是稳幅。

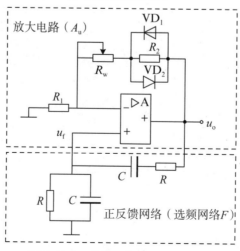

图 1.7.1 RC 桥式正弦波振荡器

该电路的振荡平衡条件是

$$A_{u}F_{u}=1 \qquad (1.7.1)$$

由式(1.7.1)可得式(1.7.2)和式(1.7.3):

$$|A_{u}F_{u}|=1 \qquad (1.7.2)$$

$$\varphi_{a}+\varphi_{f}=\pm 2n\pi, n=0,1,2,\cdots \qquad (1.7.3)$$

其中，$A_{u}=\dfrac{\dot{U}_{o}}{\dot{U}_{f}}$ 是图 1.7.1 中放大电路部分的电压增益；$F_{u}=\dfrac{\dot{U}_{f}}{\dot{U}_{o}}$ 是正反馈网络（选频网络）

的反馈系数。式(1.7.2)称为幅度平衡条件，式(1.7.3)称为相位平衡条件。

起振条件是 $|A_{u}|>3$，起振时，由于两个二极管 VD_1 和 VD_2 处于截止状态，此时 $A_{u}=1+$

$\dfrac{R_{2}+R_{w}}{R_{1}}$，通过调节 R_w 可使电路满足起振条件。当满足起振条件时，输出端输出正弦波

u_{o}，该正弦波的频率（即振荡频率）为

$$f_{0}=\frac{1}{2\pi RC} \qquad (1.7.4)$$

2. RC 串并联选频网络的选频特性

电路结构如图 1.7.2 所示。

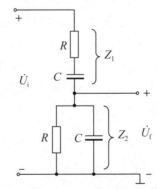

图 1.7.2　RC 串并联选频网络

选频网络的反馈系数为

$$F_{u}=\frac{\dot{U}_{f}}{\dot{U}_{i}}=\frac{Z_{2}}{Z_{1}+Z_{2}}=\frac{1}{3+\dfrac{1}{j\omega RC}+j\omega RC}=\frac{1}{3+j\left(\dfrac{\omega}{\omega_{0}}-\dfrac{\omega_{0}}{\omega}\right)}$$

式中：$\omega_{0}=\dfrac{1}{RC}$。

由上式可得 RC 串并联选频网络的幅频特性和相频特性的表达式和相应曲线（见图 1.7.3 和图 1.7.4）。

$$F_{u}=\frac{1}{\sqrt{3^{2}+\left(\dfrac{\omega}{\omega_{0}}-\dfrac{\omega_{0}}{\omega}\right)^{2}}}, \qquad \varphi_{f}=-\arctan\frac{\dfrac{\omega}{\omega_{0}}-\dfrac{\omega_{0}}{\omega}}{3}$$

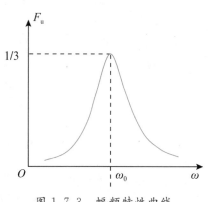

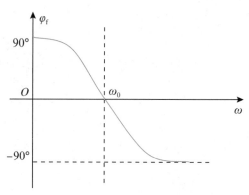

图 1.7.3　幅频特性曲线　　　　图 1.7.4　相频特性曲线

由特性曲线图可知,当 $\omega=\omega_0$ 时,反馈系数 F_u 达最大值的 $1/3$,且反馈信号 $\dot{U}_f$ 与信号 $\dot{U}_o$ 同相位,即 $\varphi_f=0$,满足相位平衡条件式(1.7.3)。此时电路产生谐振,$\omega=\omega_0=1/RC$ 即为图 1.7.1 振荡电路的输出正弦波的角频率,输出信号的频率如式(1.7.4)所示。

1.7.3　预习要求

(1)复习运放组成的 RC 桥式正弦波振荡器的基础知识,理解实验电路的工作原理。

(2)参考图 1.7.1,设计一个正弦波振荡器,要求输出正弦波的频率为 $f_0=800\,\text{Hz}$,误差在 $\pm5\%$ 以内,试确定电容 C 和电阻 R、R_1、R_2、R_w 的值(取标称值),可选用的电阻、电位器和电容值(标称值)如表 1.7.1 至表 1.7.3 所示。二极管可选用小功率管,如 1N4148、1N4150 等,集成运算放大器选用 741(其引脚排列和含义可参见实验 1.6)。用电子电路仿真软件 Multisim 对设计的电路进行仿真。

(3)图 1.7.2 电路中,分别计算 $f=5f_0$ 和 $f=\dfrac{1}{5}f_0$ 时,$\dot{U}_f$ 和 $\dot{U}_i$ 相位差 φ_f 的值。

(4)预习用李沙育图形法测量频率 f_0 的步骤。

(5)复习实验 1.1 中用示波器测量相位差的方法。

表 1.7.1　可供选用的电位器清单

阻值(kΩ)	0.47	1	2.2	10	22	47	100	220
数量	1	1	1	2	1	1	2	1

表 1.7.2　可供选用的电阻清单

阻值(kΩ)	3	4.3	5.1	6.8	9.1	10	12	15
数量	4	2	2	1	2	6	2	2
阻值(kΩ)	20	24	30	36	51	68	100	150
数量	3	2	1	1	2	1	4	1

表 1.7.3 可供选用的无极性电容清单

电容值	100pF	1000pF	0.01μF	0.022μF	0.047μF	0.1μF	0.22μF	0.47μF
数量	2	2	3	2	2	2	2	1

1.7.4 实验设备与元器件

实验中用到的设备与主要元器件如表 1.7.4 所示。

表 1.7.4 实验设备与主要元器件

序号	名称	型号规格	数量	序号	名称	型号规格	数量
1	模拟电子技术实验箱			5	万用表		
2	示波器			6	直流稳压电源		
3	函数信号发生器			7	主要元器件	741 运放	
4	交流毫伏表						

1.7.5 实验内容

(1)参照图 1.7.1 接线,各电阻和电容按所设计的取值。经检查无误后, 接通运放的 $\pm12V$ 供电电源,用示波器观察输出波形。

RC 桥式正弦波振荡器实验视频

(2)调节电位器 R_w,使电路起振且输出一个失真尽可能小的正弦波。测量输出正弦波电压的有效值 U_o。注意,通过 R_w 调节负反馈量,可使振荡器输出的正弦波控制在较小幅度,这时正弦波的失真度小。

(3)测量振荡频率 f_o。

①用示波器测量振荡频率 f_o。可以通过示波器前面板上的"光标(Cursor)"功能读出波形周期 T 和频率 f_o,也可以用示波器"测量(Measure)"菜单进行自动测量,光标法和自动测量法具体操作参见附录 I 或示波器使用手册。

②用李沙育图形法测量振荡频率 f_o。用李沙育图形法测量输出电压的频率 f_o,接线如图 1.7.5 所示。示波器显示格式切换到 XY 格式(通过"辅助功能(Utility)"→"显示(Display)"→"格式"→"XY"选择),调节函数信号发生器输出信号的频率和幅值,直到示波器上显示出稳定的圆形或椭圆形,此时函数信号发生器的显示器上显示的频率就是振荡频率 f_o。

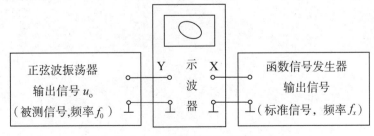

图 1.7.5 李沙育图形法测量频率 f_o

③用数字万用表的测频率功能测量振荡频率 f_0。有的数字万用表具有频率测量功能，例如 Keithley 2110 台式数字万用表。用 Keithley 2110 台式数字万用表测量频率时，正弦波振荡电路(见图 1.7.1)的输出电压与数字万用表测电压输入端相连，按数字万用表前面板的"FREQ"按钮，在万用表的显示器上显示被测信号的频率 f_0。

④用函数信号发生器的频率计功能测量振荡频率 f_0。正弦波振荡电路(见图 1.7.1)的输出电压与函数信号发生器的"Counter In"端连接(AFG1022 函数信号发生器的计数器输入端在后面板上)，按函数信号发生器前面板的"辅助功能(Utility)"菜单按钮，在出现的选项中选择"Counter"，再通过下一级菜单"Setting(设置)"完成各相关设置后，在函数信号发生器的显示器上显示被测信号的频率 f_0。

(4)观察 RC 正弦波振荡器的稳幅过程

去掉两个二极管，再细调电位器 R_w，观察输出波形的稳幅情况。

(5)测量选频网络的选频特性

按图 1.7.2 接线，各电阻和电容按所设计的取值。用函数信号发生器输出幅度合适的正弦信号(如 3V)，加到 RC 串并联选频网络的输入端 $\dot{U}_i$。改变输入信号频率，用示波器同时观察 $\dot{U}_f$ 和 $\dot{U}_i$ 信号随信号频率变化的情况。

①测量相频响应。测量在不同信号频率作用下 $\dot{U}_f$ 和 $\dot{U}_i$ 的相位差 φ_f。用示波器测量相位差的方法参见实验 1.1。注意若 $\dot{U}_f$ 超前，则 φ_f 为正；$\dot{U}_f$ 滞后，则 φ_f 为负。将测量结果记入表 1.7.5(可适当增加测试点数)，画出相频响应曲线。表 1.7.5 中的 f_0 为用李沙育图形法测得的频率。

表 1.7.5　相频响应测量数据表

	f(Hz)	φ_f(实际测量值)	φ_f(理论值)
$f=f_0$时			
$f=f_0/5$时			
$f=5f_0$时			

②测量幅频响应。用交流毫伏表分别测出不同信号频率作用下的 $\dot{U}_i$、$\dot{U}_f$ 的有效值 U_i、U_f，由公式 $F_u=\dfrac{U_F}{U_i}$ 计算反馈系数 F，结果记入表 1.7.6(可适当增加测试点数)，画出幅频响应曲线。

表 1.7.6　幅频响应测量数据

	$f(Hz)$	$U_i(V)$	$U_f(V)$	F_u（实际测量值）	F_u（理论值）
$f = f_0$ 时					
$f = \frac{1}{5}f_0$ 时					
$f = 5f_0$ 时					

1.7.6　实验报告要求

(1)明确实验目的,叙述实验原理。总结 RC 桥式振荡电路的振荡条件。

(2)整理四种测量频率的方法。自拟表格记录振荡频率的实测数据,比较测试结果。

(3)整理幅频响应与相频响应的测量数据,绘制 RC 串并联选频网络的幅频响应和相频响应曲线。

(4)将实验测得的数据与理论值比较,分析产生误差的原因。

(5)根据改变负反馈电阻 R_w 对输出波形的影响,说明负反馈在 RC 振荡电路中的作用。

1.7.7　思考题

(1)简述二极管稳幅环节的稳幅原理。

(2)在实验中怎样判断振荡电路满足了振荡条件?

(3)实验电路中振荡频率主要与哪些参数有关?

实验
1.8

有源滤波器研究

1.8.1 实验目的

(1)掌握用集成运算放大器、电阻和电容组成有源低通滤波、高通滤波和带通、带阻滤波器的方法。

(2)掌握有源滤波器幅频响应的测量方法。

1.8.2 实验原理

由 RC 元件与集成运算放大器组成的滤波器称为 RC 有源滤波器,其功能是让一定频率范围内的信号通过,抑制或急剧衰减此频率范围以外的信号,可用在信号处理、数据传输、抑制干扰等方面,但因受集成运算放大器频带限制,这类滤波器主要用于低频范围。根据对频率范围的选择不同,滤波器可分为低通(LPF)、高通(HPF)、带通(BPF)、带阻(BEF)和全通(APF)等五种,它们的幅频响应如图 1.8.1 所示。全通滤波器虽然在全频率范围内增益相同,但在通带内输出信号的相位随输入信号频率的变化而变化,主要用于移相。

具有理想幅频响应的滤波器是很难实现的,只能用实际的幅频响应去逼近理想的。理想滤波器的幅频响应从通带到阻带间没有过渡带,而实际滤波器的幅频响应有过渡带,图 1.8.2 是一种低通滤波器的实际幅频响应示意图。一般来说,滤波器的幅频特性越好,其相频特性越差;反之亦然。滤波器的阶数越高,幅频响应在阻带的衰减速率越快,但元件参数计算越繁琐,电路调试越困难。

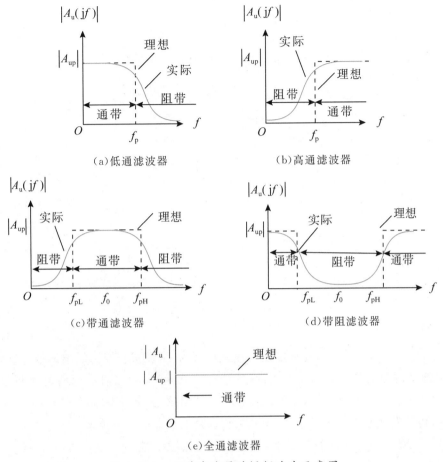

（a）低通滤波器　　　　　　（b）高通滤波器

（c）带通滤波器　　　　　　（d）带阻滤波器

（e）全通滤波器

图 1.8.1　五种滤波器的幅频响应示意图

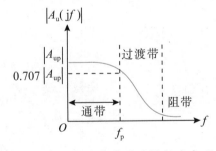

图 1.8.2　实际低通滤波器的幅频响应示意图

1. 低通滤波器

低通滤波器用于通过低频信号，衰减或抑制高频信号。

如图 1.8.3（a）所示为典型的二阶有源低通滤波器的电路图。它由两级 RC 滤波环节和同相比例运算电路组成，其中第一级 RC 电路中电容 C 接至输出端，引入适量的正反馈，以改善幅频响应。

如图 1.8.3（b）所示为二阶低通滤波器幅频响应曲线。

电路性能参数如下：

$A_0 = 1 + \dfrac{R_f}{R_1}$，二阶低通滤波器的通带增益。

$f_0 = \dfrac{1}{2\pi RC}$，截止频率，它是二阶低通滤波器通带与阻带的界限频率。

$Q = \dfrac{1}{3 - A_0}$，品质因数，它的大小影响低通滤波器在截止频率处幅频响应的形状。

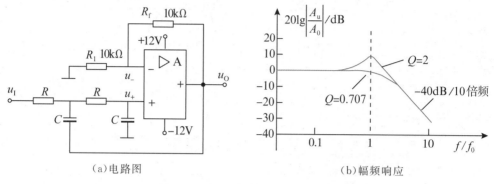

（a）电路图　　　　　　　　　（b）幅频响应

图 1.8.3　二阶有源低通滤波器

2. 高通滤波器

与低通滤波器相反，高通滤波器用来通过高频信号，衰减或抑制低频信号。只要将图 1.8.3 低通滤波器电路中起滤波作用的电阻、电容互换，即为二阶有源高通滤波器，如图 1.8.4(a)所示。高通滤波器性能与低通滤波器的相反，其频率响应和低通滤波器是"镜像"关系，仿照低通滤波器分析方法，不难求得高通滤波器的幅频响应。

电路性能参数 A_0、f_0、Q 各量的含义同二阶低通滤波器。

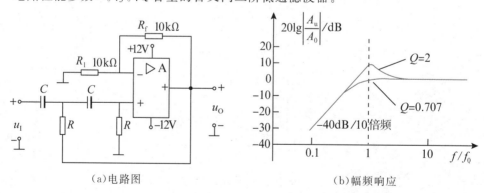

（a）电路图　　　　　　　　　（b）幅频响应

图 1.8.4　二阶有源高通滤波器

如图 1.8.4(b)所示为二阶高通滤波器的幅频响应曲线，可见，它与二阶低通滤波器的幅频响应曲线有"镜像"关系。

3. 带通滤波器

带通滤波器的作用是只允许在某一个通频带范围内的信号通过，而比通频带下限频率低和比上限频率高的信号均加以衰减或抑制。典型的带通滤波器可以将二阶低通滤波器中将其中一级改成高通而成，如图 1.8.5(a)所示。

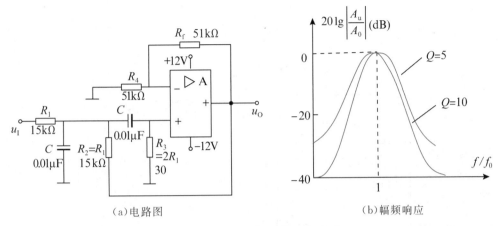

（a）电路图　　　　　　　　（b）幅频响应

图 1.8.5　二阶有源带通滤波器

电路性能指标如下：

通带增益为

$$A_0 = \frac{R_4 + R_f}{2R_4 - R_f}$$

中心频率为

$$f_0 = \frac{1}{2\pi R_1 C}$$

通带宽度为

$$BW = \frac{1}{2\pi R_1 C}\left(2 - \frac{R_f}{R_4}\right)$$

品质因数为

$$Q = \frac{f_0}{BW}$$

此电路的优点是通过改变 R_f 和 R_4 的比例就可改变通带宽度，而不影响中心频率。

4. 带阻滤波器

如图 1.8.6（a）所示，在双 T 网络后加一级同相比例运算电路就构成了基本的二阶有源带阻滤波器。带阻滤波器的性能和带通滤波器的相反，即在规定的频带内，信号不能通过（或受到很大衰减），而在其余频率范围内的信号则能顺利通过。

电路性能指标如下：

通带增益为

$$A_0 = 1 + \frac{R_f}{R_1}$$

中心频率为

$$f_0 = \frac{1}{2\pi RC}$$

阻带宽度为

$$BW = 2(2 - A_0) f_0$$

品质因数为

$$Q = \frac{1}{2(2 - A_0)}$$

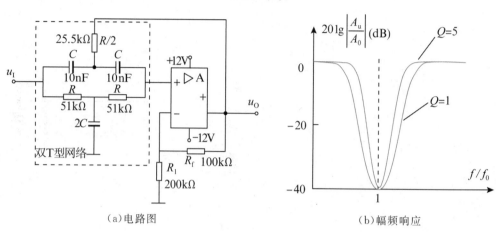

(a)电路图   (b)幅频响应

图 1.8.6　二阶有源带阻滤波器

1.8.3　预习要求

(1)复习有关有源滤波器的内容,理解其工作原理。

(2)分析图 1.8.3(a)、图 1.8.4(a)、图 1.8.5(a)、图 1.8.6(a)所示的电路,列写它们的增益表达式。

(3)参照电路图 1.8.3(a),设计一个二阶低通滤波器,要求滤波器截止频率 $f_0 = 500\text{Hz}$,误差在 $\pm 10\%$ 以内。可选用的电阻、电位器和电容值(标称值)如表 1.7.1 至表 1.7.3。集成运算放大器选用 741(其引脚排列和含义可参见实验 1.6)。用电子电路仿真软件 Multisim 测试其截止频率,检查是否在要求的误差范围内。

(4)参照电路图 1.8.4(a),设计一个二阶高通滤波器,要求滤波器截止频率 $f_0 = 1600\text{Hz}$,误差在 $\pm 10\%$ 内。可选用的电阻、电位器和电容值(标称值)见表 1.7.1~表 1.7.3。集成运算放大器选用 741(其引脚排列和含义可参见实验 1.6)。用电子电路仿真软件 Multisim 测试其截止频率,检查是否在要求的误差范围内。

(5)根据图 1.8.5(a)、图 1.8.6(a)的实验电路参数,计算带宽的理论值。

1.8.4　实验设备与元器件

实验中用到的设备与主要元器件如表 1.8.1 所示。

表 1.8.1　实验设备与主要元器件

序号	名称	型号规格	数量	序号	名称	型号规格	数量
1	模拟电子技术实验箱			5	万用表		
2	示波器			6	直流稳压电源		
3	函数信号发生器			7	主要元器件	741 运放	
4	交流毫伏表						

1.8.5　实验内容

1. 二阶低通滤波器

(1)参照电路图 1.8.3(a)接线,各电阻和电容按所设计的取值。

二阶有源低通滤波器实验视频

(2)粗测:接好电路后,接通滤波器的±12V 供电电源。设置 u_i 为有效值 1V 的正弦波电压信号,由函数信号发生器提供,在滤波器截止频率 f_0 附近改变输入信号 u_i 的频率,用示波器和交流毫伏表观察输出电压幅度的变化是否具备低通滤波特性,如果不具备,应排除电路故障。

(3)测量幅频响应。在电路工作正常,且输出波形不失真的情况下,选取适当幅度的正弦输入信号,在维持输入信号幅度不变的情况下,逐点改变输入信号频率,测量输出电压有效值 U_o,再根据测得的数据计算滤波电路的电压增益 $|A_u|=U_o/U_i$,记入表 1.8.2,绘制幅频响应曲线,并在幅频响应曲线上标注上实测的截止频率值。

表 1.8.2　二阶低通滤波器幅频响应测试数据

$f(\mathrm{Hz})$	...		$f_0=$ _____				...
$U_o(\mathrm{V})$							
$\lvert A_u\rvert$							
输入信号有效值 $U_i=$ _____ V							

2. 二阶高通滤波器

(1)参照电路图 1.8.4(a)接线,各电阻和电容按所设计的取值。

二阶有源高通滤波器实验视频

(2)粗测:接好电路后,接通滤波器的±12V 供电电源。从函数信号发生器输入一正弦电压信号作为滤波器的输入信号,设其有效值 $U_i=1$V,保持 U_i 不变,在滤波器截止频率附近改变输入信号频率,用示波器和交流毫伏表观察输出电压幅度的变化是否具备高通特性,如果不具备,应排除电路故障。

(3)测量幅频响应。在电路工作正常,且输出波形不失真的情况下,用交流毫伏表测出相应的输出电压有效值 U_o,再根据测得的数据计算滤波电路的电压增益 $|A_u|=U_o/U_i$,记入表 1.8.3,绘制高通滤波器的幅频响应曲线,并在幅频响应曲线上标注上实测的截止频率值。

基于 NI myDAQ 的二阶有源高通滤波器实验视频

表 1.8.3　二阶高通滤波器幅频响应测量数据表

$f(\mathrm{Hz})$	...			$f_0=$ _____				...
$U_{\mathrm{o}}(\mathrm{V})$								
$\mid A_{\mathrm{u}}\mid$								

输入信号有效值 $U_{\mathrm{i}}=$ _____ V

3.带通滤波器

实验电路如图 1.8.5(a)所示。参照上述低通或高通滤波器幅频响应的测试方法,测量带通滤波器的幅频响应,注意在中心频率 f_0 处测一点,输出电压有效值最大时对应的频率就是中心频率。中心频率附近可多测几点。再根据测得的数据计算增益 $\mid A_{\mathrm{u}}\mid=U_{\mathrm{o}}/U_{\mathrm{i}}$。记入表 1.8.4。根据表 1.8.4 测得的数据,绘制电路的幅频响应曲线,并在幅频响应曲线上标注实际的上限截止频率、下限截止频率值、带宽、中心频率。

表 1.8.4　带通滤波器幅频响应测量数据

$f(\mathrm{Hz})$	...			$f_0=$ _____				...
$U_{\mathrm{o}}(\mathrm{V})$								
$\mid A_{\mathrm{u}}\mid$								

输入信号有效值 $U_{\mathrm{i}}=$ _____ V

二阶有源带通
滤波器实验视频　　　　基于 NI myDAQ 的二阶
有源带通滤波器实验视频　　　　二阶有源带阻
滤波器实验视频

4.带阻滤波器

实验电路如图 1.8.6(a)所示。测量其幅频响应,注意在中心频率处测一点,输出电压有效值最小时对应的频率就是中心频率 f_0。中心频率附近可多测几点。再根据测得的数据计算增益 $\mid A_{\mathrm{u}}\mid=U_{\mathrm{o}}/U_{\mathrm{i}}$。记入表 1.8.5。根据表 1.8.5 测得的数据,绘制幅频响应曲线,并在幅频响应曲线上标注实际的带宽和中心频率。

表 1.8.5　带阻滤波器幅频响应测量数据

$f(\mathrm{Hz})$	...			$f_0=$ _____				...
$U_{\mathrm{o}}(\mathrm{V})$								
$\mid A_{\mathrm{u}}\mid$								

输入信号有效值 $U_{\mathrm{i}}=$ _____ V

1.8.6 实验报告要求

(1)明确实验目的,叙述实验原理,记录实验所用的仪器仪表型号和主要元器件型号、数量。

(2)整理实验数据,绘制各电路实测的幅频响应曲线。

(3)根据绘制的幅频响应曲线,确定截止频率、中心频率、带宽等。

(4)比较测试结果与理论计算值,分析产生差异的主要原因。

(5)总结由运放组成的有源滤波电路的响应。

1.8.7 思考题

(1)为什么在测量幅频响应过程中,当改变输入信号频率时,要保持输入信号幅度不变?

(2)各滤波器参数的改变对滤波器幅频特性有何影响?

实验

1.9

低频功率放大电路研究

1.9.1 实验目的

(1)理解 OTL 功率放大电路的工作原理。

(2)掌握 OTL 电路的调试及主要性能指标的测试方法。

(3)了解集成功率放大器的应用及调测。

1.9.2 实验原理

1. OTL 低频功率放大器

如图 1.9.1 所示为 OTL 低频功率放大器。其中,晶体三极管 VT_1 组成前置放大级; VT_2 和 VT_3 是一对参数对称的 NPN 和 PNP 型晶体三极管,它们组成互补推挽输出级,由于每一个管子都接成射极输出器形式,因此具有输出电阻低、带负载能力强等优点。

VT_1 管工作于甲类放大状态,它的集电极电流 I_{C1} 由电位器 R_{w1} 进行调节。I_{C1} 的一部分流经电位器 R_{w2} 及二极管 VD,给 VT_2、VT_3 提供偏压。调节 R_{w2},可以使 VT_2、VT_3 得到合适的静态电流而工作于甲乙类状态,以克服交越失真。静态时要求输出端中点 A 的电位 $U_A = \frac{1}{2}V_{CC}$,可以通过调节 R_{w1} 来实现。又由于 R_{w1} 的上端接在 A 点处,因此在电路中引入交、直流电压并联负反馈,一方面能够稳定放大电路的静态工作点,另一方面可改善非线性失真。

输入的正弦交流信号 u_i,经 VT_1 放大、倒相后同时作用于 VT_2、VT_3 的基极。在 u_i 的负半周,VT_3 管导通(VT_2 管截止),有电流通过负载 R_L,同时向电容 C_o 充电;在 u_i 的正半周,VT_2 导通(VT_3 截止),则已充好电的电容器 C_o 起着电源的作用,通过负载 R_L 放电,这样在 R_L 上就得到了完整的正弦波。

C_2 和 R 构成自举电路,用于提高输出电压正半周的幅度,以得到大的动态范围。

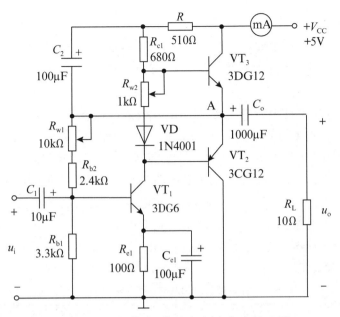

图 1.9.1　OTL 功率放大电路实验原理图

OTL 功率放大电路的主要性能指标如下。

（1）最大不失真输出功率 P_{omax}

在理想情况下，有

$$P_{\text{omax}}=\frac{V_{\text{CC}}^2}{8R_{\text{L}}} \tag{1.9.1}$$

在实验中可通过测量 R_{L} 两端的最大不失真电压有效值 U_{omax}，来求实际的最大不失真输出功率

$$P_{\text{omax}}=\frac{U_{\text{omax}}^2}{R_{\text{L}}} \tag{1.9.2}$$

（2）效率 η

$$\eta=\frac{P_{\text{o}}}{P_{\text{V}}}\times100\% \tag{1.9.3}$$

式中：P_{V} 为直流电源供给的平均功率，P_{o} 为输出功率，即负载 R_{L} 获得的平均功率或有功功率。

在理想情况下，最大效率 $\eta_{\max}\approx78.5\%$。在实验中，可通过测量电源供给的平均电流 I_{dc} 来求得 $P_{\text{V}}=V_{\text{CC}}I_{\text{dc}}$。

（3）幅频响应

幅频特性测量方法参见实验 1.5 和实验 1.8 中的幅频响应测量和通频带测量相关的内容。

（4）输入灵敏度

输入灵敏度是指输出最大不失真功率时，输入信号的有效值 U_{i}。

2. 集成功率放大电路

集成功率放大电路由集成功放芯片和一些外部阻容元件构成。它具有线路简单、性能优越、工作可靠、调试方便等优点,已经成为在音频领域中应用十分广泛的功率放大电路。

电路中最主要的组件为集成功放芯片,通常包括前置级、推动级和功率级等几部分。有些还具有一些特殊功能(消除噪声、短路保护等)的电路。

集成功放电路的种类很多。本实验采用的集成功放芯片的型号为 LM386,主要应用于低电压消费类产品。LM386 是单电源供电的芯片,输入端以地电位为参考点,同时输出端被自动偏置到电源电压的一半,在 6V 电源电压下,它的静态功耗仅为 24mW,使得 LM386 特别适用于电池供电的场合。LM386 还有失真度低、工作电压范围宽的特点。例如,LM386N-1 的工作电压为 4~12V。

如表 1.9.1 和表 1.9.2 所示是 LM386 的一些主要电参数。

表 1.9.1　LM386 主要电参数 1

参数	符号与单位	允许值(以 LM386N-1 为例)
电源电压	$V_{CC}(V)$	4~12
输入电压	$U_i(V)$	-0.4~$+0.4$
输入阻抗	$R_i(k\Omega)$	50
工作温度	$T(℃)$	0~$+70$

表 1.9.2　LM386 主要电参数 2

参数	符号与单位	测试条件	最小值	典型值	最大值
静态电流	$I_Q(mA)$	$V_{CC}=6V, U_i=0$		4	8
开环电压增益	$A_{ud}(dB)$	$V_{CC}=6V,$ $f=1kHz$	26 (1、8 脚开路)		46 (1、8 脚接 $10\mu F$ 电容)
输出功率	$P_o(mW)$	$V_{CC}=6V, R_L=8\Omega,$ THD=10%	250	325	
带宽	BW(kHz)	$V_{CC}=6V$	60		300 (1、8 脚开路)

LM386 的封装形式有塑封 8 引线双列直插式和贴片式。它的外引脚排列如图 1.9.2 所示。图中 1、8 脚接外接电阻和电容,用于增益设置,2 脚是反相输入端,3 脚是同相输入端,4 脚是接地端,5 脚是输出端,6 脚是正电源输入端,7 脚接旁路电容。

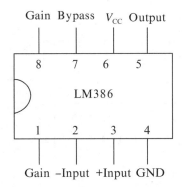

图1.9.2　LM386 外引脚排列

LM386 内部原理电路如图 1.9.3 所示。$VT_1 \sim VT_4$ 构成复合管差分放大电路输入级；VT_5、VT_6 构成镜像电流源，作为 VT2 管的集电极有源负载。差分放大电路输入级的单端输出信号传送到由 VT_7 等组成的共发射极放大电路中间级进行电压放大，中间级同样采用电流源作为有源负载，以提高电压增益。$VT_8 \sim VT_{10}$、VD_1、VD_2 等组成甲乙类准互补对称功率输出级。为了改善电路特性，由输出级通过电阻 R_7 至输入级引入负反馈。为使外围元件最少，电压增益内置为 20，但在 1 脚和 8 脚之间外接由一只电阻和一只电容相串联的支路，便可将电压增益调为任意值，直至 200。

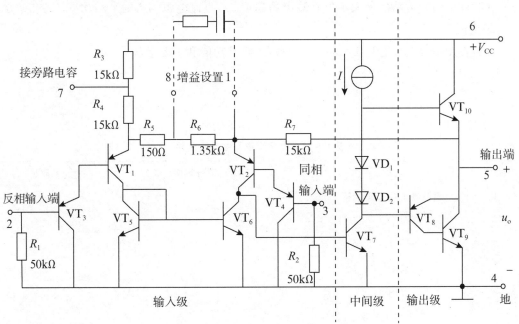

图 1.9.3　LM386 内部原理电路

LM386 的应用电路如图 1.9.4 所示，图中 $10k\Omega$ 可变电阻 R_w 用于调节音量大小。对于该电路，当 R_w 中间滑动端位于最上方时，若第 1、8 脚间开路，电路的增益为 20；若 LM386 的 1、8 脚间只有 $10\mu F$ 的电解电容（1 脚接电容正极），则电路的增益为 200。

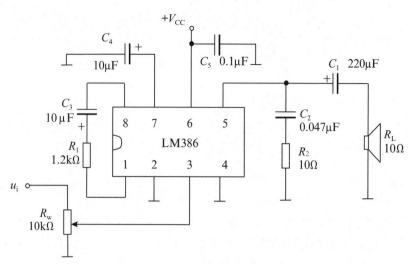

图 1.9.4 LM386 的应用电路

1.9.3 预习要求

(1)复习有关 OTL 功率放大电路相关内容,理解实验电路的工作原理。

(2)计算实验电路的最大不失真输出功率 P_{omax}、直流电源供给的平均功率 P_V 和效率 η 的理论值。

(3)查阅集成功放芯片 LM386 的资料,了解其功能和主要参数。

1.9.4 实验设备与元器件

实验中用到的设备与主要元器件如表 1.9.3 所示。

表 1.9.3 实验设备与主要元器件

序号	名称	型号规格	数量
1	模拟电子技术实验箱		
2	双踪示波器		
3	函数信号发生器		
4	交流毫伏表		
5	万用表		
6	直流稳压电源		
7	主要元器件	二极管、NPN 晶体管、PNP 晶体管、LM386	

1.9.5　实验内容

OTL 功率放大
电路实验视频

1. OTL 功率放大电路实验

按图 1.9.1 连接实验电路,设定 $V_{CC}=5V$,输入信号连接函数信号发生器,负载用 $10\Omega/1W$(或大于等于 1W)的电阻代替。

功率放大电路
仿真实验视频

(1)静态工作点测试

将输入信号置零($u_i=0$),将万用表置于直流电流挡后串入电源进线中,电位器 R_{w2} 置最小值,R_{w1} 置中间位置。接通 +5V 电源,观察万用表指示,同时用手触摸输出级晶体管,若电流过大,或管子温升显著,应立即断开电源,检查原因(如 R_{w2} 开路,电路自激,或输出级晶体管性能不好等)。如无异常现象,可开始调试。

①调节输出端中点电位 U_A。调节电位器 R_{w1},用万用表直流电压挡测量 A 点电位,使 $U_A=\dfrac{1}{2}V_{CC}=2.5V$。

②调整输出级静态电流及测试各级静态工作点。调节 R_{w2},使 VT_2、VT_3 管的 $I_{C2}=I_{C3}=(5\sim10)mA$。从减小交越失真角度而言,应适当加大输出级静态电流,但该电流过大,会使效率降低,所以一般以 $5\sim10mA$ 为宜。由于万用表是串联在电源进线中的,因此测得的是整个放大电路的电流,但一般 VT_1 的集电极电流 I_{C1} 较小,从而可以把测得的总电流近似当作末级的静态电流。如要准确得到末级静态电流,则可从总电流中减去 I_{C1} 之值。

调整输出级静态电流的另一个方法是动态调试法。先使 $R_{w2}=0$,在输入端接入 $f=1kHz$ 的正弦信号 u_i,逐渐加大输入信号的幅值,此时,输出波形应出现较严重的交越失真,然后缓慢增大 R_{w2},当交越失真刚好消失时,停止调节 R_{w2},恢复 $u_i=0$,此时万用表读数即为输出级静态电流 I_C(即 I_{C2} 或 I_{C3})。一般数值也应在 $5\sim10mA$,如果过大,则要检查电路。

输出级静态电流调好以后,测量各级静态工作点,并将测得的静态值记入表 1.9.4。

表 1.9.4　OTL 功率放大电路静态工作点数据

晶体管	实际测量值				测量计算值	
	$U_B(V)$	$U_E(V)$	$U_C(V)$	$I_C(mA)$	$U_{CE}(V)$	$U_{BE}(V)$
VT_1						
VT_2						
VT_3						
$U_A=$ _____ V						

注意以下两点：

①在调整 R_{w2} 时，一定要注意旋转方向，不要把它调得过大，更不能开路，以免损坏输出级晶体管 VT2 和 VT3。

②输出级晶体管静态电流调好后，如无特殊情况，不得随意改变 R_{w2}。

（2）最大不失真输出功率 P_{omax} 和最大效率 η_{max} 的测试

①测量 P_{omax}。输入端接 $f=1\text{kHz}$ 的正弦信号 u_i，用示波器观察输出电压 u_o 波形。逐渐增大输入信号 u_i 的有效值 U_i，使输出电压达到最大不失真输出，用交流毫伏表测出负载 R_L 上的电压 U_{omax}，则

$$P_{omax}=\frac{U_{omax}^2}{R_L}$$

②测量 η_{max}。当输出电压为最大不失真输出时，读出直流电源供给的平均电流 I_{dc}，由此可近似求得 $P_V=V_{CC}I_{dc}$，再根据上面测得的 P_{omax}，即可求出 η_{max}

$$\eta_{max}=\frac{P_{omax}}{P_V}。$$

（3）输入灵敏度的测试

根据输入灵敏度的定义，只要测出输出功率 $P_o=P_{omax}$ 时的输入电压有效值 U_i 即可。

（4）幅频响应的测试

测试方法可参考实验 1.5 和实验 1.9 中的幅频响应测量相关内容。

在测试时，为保证电路的安全，应在较低电压下进行，通常取输入信号为输入灵敏度的 50%。在改变频率 f 的整个过程中，应保持 U_i 为恒定值，且输出波形不失真，用交流毫伏表测量对应的输出电压 U_o，再根据测得的数据计算功放电路的电压增益，记入表 1.9.5。根据表 1.9.5 中记录的数据绘制幅频响应曲线，并在幅频响应曲线中标注上带宽。

表 1.9.5　OTL 功率放大电路幅频响应测试数据

$f(\text{Hz})$	f_L			$f_o=1000$			f_H	
$U_o(\text{V})$								
$|A_u|$								
$U_i=$ _____ mV								

（5）研究自举电路的作用

①测量有自举电路，且 $P_o=P_{omax}$ 时的电压增益：

$$A_u=\frac{U_{omax}}{U_i}$$

②将 C_2 开路，R 短路（无自举），再测量 $P_o=P_{omax}$ 时的 A_u。

用示波器观察上述两种情况下的输出电压波形，并将以上两项测量结果进行比较，分析研究自举电路的作用。

2. 集成功率放大器实验

(1)按图 1.9.4 接线,将输入端置零,用示波器观察输出电压波形有无自激振荡现象,若有自激要消除之。

(2)将函数信号发生器输出的频率为 1kHz 的正弦电压信号加到集成功率放大电路输入端,逐渐加大输入电压幅度,使输出信号达到最大不失真输出,用交流毫伏表测出负载 R_L 上的电压有效值 U_{omax},再测出此时的输入信号有效值 U_i(即为输入灵敏度),记下此时电源的直流电流 I_{dc},由上述测得的数据计算出 P_{omax}、P_V 和 η_{max}。

1.9.6　实验报告要求

(1)明确实验目的,叙述实验原理,记录实验所用的仪器仪表型号和主要元器件型、数量。

(2)整理实验数据,将 P_{omax}、P_V 和 η_{max} 的实验结果与理论值比较,分析误差的主要原因。

(3)整理幅频响应的测试数据,用坐标纸绘制幅频响应曲线,并在幅频响应曲线中标注上带宽。

(4)比较 OTL 功率放大电路和集成功率放大器的实验结果。

(5)总结实验中发现的问题及解决办法。

1.9.7　思考题

(1)为了不损坏输出管,调试中应注意哪些问题?

(2)图 1.9.1 实验电路中的电位器 R_{w2} 如果开路或短路,对电路工作有何影响?

(3)图 1.9.1 实验电路中的二极管 VD 具有什么作用? 电路中的 C_o 的作用是什么?

(4)交越失真产生的原因是什么? 怎样克服交越失真?

(5)为什么引入自举电路能够扩大输出电压的动态范围? 若将 R 短接,自举作用将发生什么变化?

(6)如电路在测试过程中有自激现象,应如何消除?

实验 1.10 低频信号发生器

1.10.1 实验目的

(1)了解单片集成函数信号发生器芯片组成的信号发生器及调试方法。

(2)进一步掌握波形参数的测试方法。

1.10.2 实验原理

XR-2206 芯片是单片集成函数信号发生器芯片。用它可产生高稳定性和高精度的正弦波、方波、三角波等。XR-2206 的内部线路框图如图 1.10.1 所示,它由压控振荡器 VCO、电流开关、缓冲放大器 A 和三角波/正弦波形成四部分组成。

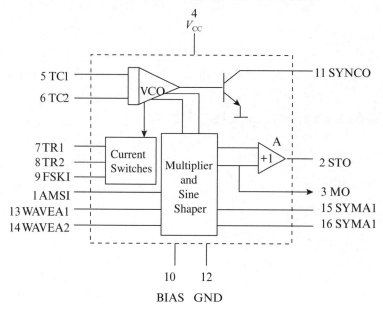

图 1.10.1 XR-2206 的内部线路框图及外引脚

　　三种输出信号的频率由压控振荡器的振荡频率决定,而压控振荡器的振荡频率 f 则由接于5、6脚之间的电容 C 与接在7脚或8脚的电阻 R 决定,即 $f=1/(2\pi RC)$,f 范围为 $0.01\mathrm{Hz}\sim 1\mathrm{MHz}$,一般用 C 确定频段,再调节 R 值来选择该频段内的频率值。单电源工作时的电源电压范围为 $10\sim 26\mathrm{V}$,双电源工作时的电源电压范围为 $\pm 5\sim \pm 13\mathrm{V}$,占空比调节范围为 $1\sim 99\%$。

　　XR-2206芯片的外形和引脚如图1.10.2所示。

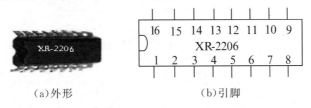

（a）外形　　　　　　　　（b）引脚

图1.10.2　XR-2206芯片的外形和引脚

XR-2206芯片各引脚的功能如下:

1脚:调幅信号输入端。

2脚:正弦波或三角波输出端。常态时输出正弦波,若将13脚悬空,则输出三角波。

3脚:输出波形的最大幅值调节端。

4脚:正电源 $+V_{\mathrm{CC}}$。

5、6脚:接定时电容 C。

7、8脚:均可接定时电阻 R。如果9脚开路或接高电平,则只有7脚上的电阻有效,若9脚接低电平,则只有8脚上的电阻有效。

9脚:频移键控输入端。

10脚:内部参考电压输出端。

11脚:方波信号输出,必须外接上拉电阻到 $+V_{\mathrm{CC}}$。

12脚:接地或负电源 $-V_{\mathrm{EE}}$。

13、14脚:波形调整输入端。需输出三角波时,13脚应悬空。

15、16脚:波形对称性调节。

实验电路如图1.10.3所示。

1.10.3　预习要求

(1)复习信号发生电路工作原理。

(2)查阅XR-2206的相关资料,了解其功能及用法。

(3)根据实验内容,自拟记录数据用的表格。

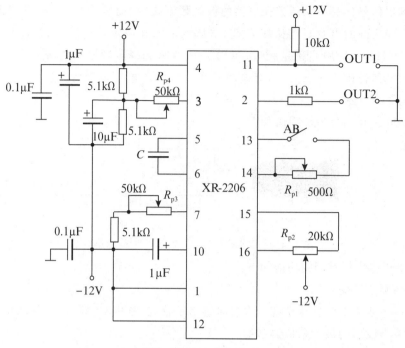

图 1.10.3　实验电路

1.10.4　实验设备与元器件

实验中用到的设备与主要元器件如表 1.10.1 所示。

表 1.10.1　实验设备与主要元器件

序号	名称	型号规格	数量
1	模拟电子技术实验箱		
2	双踪示波器		
3	万用表		
4	交流毫伏表		
5	直流稳压电源		
6	主要元器件	XR-2206	

1.10.5　实验内容

（1）按图 1.10.3 接线，C 取 0.1μF，短接 A、B 两点，$R_{p1} \sim R_{p4}$ 均调至中间值附近。

（2）接通电源后，用示波器观察 OUT_2 处的波形。

（3）依次调节 $R_{p1} \sim R_{p4}$（每次只调节一个），观察并记录输出波形随该电位器的调节而变化的规律，然后将该电位器调至输出波形最佳处（R_{p3} 和 R_{p4} 可调至中间值附近），记录波形。

低频信号发生器实验视频

(4)断开 A、B 间的连线,参照第 3 步观察 $R_{p1} \sim R_{p4}$ 的作用,观察和记录 OUT_2 的波形。

(5)用示波器观察 OUT_1 处的波形,此时应为方波。分别调节 R_{p3} 和 R_{p4},其频率和幅值应随之改变,记录频率和幅值的可调范围。

(6)C 另取一值(如 $0.047\mu F$ 或 $0.2\mu F$ 等),重复步骤 1~5。

1.10.6 实验报告要求

(1)明确实验目的,叙述实验原理。总结 RC 桥式振荡电路的振荡条件。

(2)根据实验过程中观察和记录的现象,总结 XR-2206 芯片函数信号发生器电路的调试方法。

(3)记录 OUT_1、OUT_2 的输出波形,标明幅值、周期,分析实验结果。

(4)记录实验电路中正弦波、三角波的频率和幅值的可调范围。

(5)总结实验中出现的问题及排除方法。

1.10.7 思考题

(1)本实验电路的输出信号振荡频率 f 由哪些元件决定?

(2)如果要求输出波形的频率范围在 $10 \sim 100 kHz$ 分段连续可调,按图 1.10.3 所示电路接线,则 C 应分别选取哪些值?

(3)要正确记录波形,示波器的各个按钮应怎样正确使用?

实验 1.11　单相直流稳压电源研究

1.11.1　实验目的

(1)了解单相整流、滤波和稳压电路的工作原理。

(2)掌握单相直流稳压电源的调试及其主要性能指标的测试方法。

(3)了解集成稳压器的特点及使用方法。

1.11.2　实验原理

1.电路组成及其工作原理

单相直流稳压电源通常由电源变压器、整流电路、滤波电路、稳压电路组成。如图 1.11.1所示。

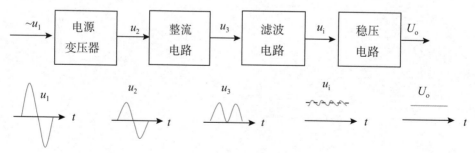

图 1.11.1　直流稳压电源框图

双绕组电源变压器的作用是将交流的工频电源(220V、50Hz)变换成所需的低压交流电 u_2,并实现与 u_1 间电的隔离。

整流电路利用二极管的单向导电性,把交流电变换成脉动的直流电。整流电路可分为半波整流电路、全波整流电路和桥式整流电路。

滤波电路是利用电容和电感的充放电储能原理,将波动变化大的脉动直流电滤波成较平滑的直流电。滤波电路有电容式、电感式、电容电感式、电容电阻式等,具体应根据负载电流大小和电流变化情况,以及对纹波电压的要求选择滤波电路形式。最简单的滤波电路就是把一个电容并联接至整流电路的输出端。

　　整流滤波后的电压(u_i)虽然已是直流电压,但还是随电网电压(u_1)的波动而变化,而且纹波系数也较大,在要求较高的场合,须加入稳压电路才能输出稳定的直流电压。最简单的稳压电路是由一只电阻和一只稳压管组成,它适用于电压值固定不变,而且负载电流变化较小的场合。早期的稳压电路常用稳压管和晶体三极管等组成。由于电路不够简单和功能不强等原因,现已很少使用。集成稳压器具有体积小、成本低、性能好、工作可靠性高、外电路简单、使用方便、功能强等优点,现已得到广泛应用。

　　78××系列三端集成稳压器输出正极性电压,一般有 5V、6V、7V、8V、9V、10V、12V、15V、18V、24V 等规格,输出电流最大可达 1.5A(加散热片)。同类型 78M×× 系列稳压器的输出电流为 0.5A,78L×× 系列稳压器的输出电流为 0.1A。79×× 系列为固定负电压输出。CW117/217/317 系列为可调正电压输出,CW137/237/337 系列为可调负电压输出。三端集成稳压器的 TO-220 封装的各管脚功能和 78×× 及 79×× 的方框图如图1.11.2 所示。

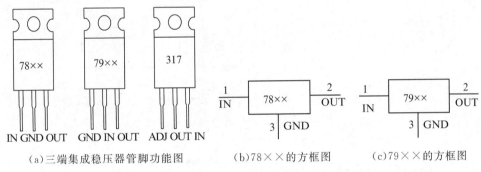

(a)三端集成稳压器管脚功能图　　　　(b)78××的方框图　　　　(c)79××的方框图

图 1.11.2　三端集成稳压器管脚功能图和 78×× 及 79×× 的方框图

　　由 LM7812 集成稳压器组成的稳压电路原理图如图 1.11.3 所示。其中,整流部分采用了由 4 个二极管组成的桥式整流器成品(又称桥堆)。LM7812 的主要参数为:输出电压的最小值为 11.5V,最大值为 12.5V,典型值为 12V;最大输出电流值为 1.5A;输出电阻为 18mΩ;输入电压范围为 14.5~35V;工作温度范围为 0~+125℃。

　　在图 1.11.3 中,负载电阻 R_L 中流过的最大电流约为 0.04A,而其上的电压降为 12V 左右,因此 R_L 能获得的最大功率约为 0.48W,所以 R_L 宜使用额定功率为 1W 以上的电阻。VD_5 为保护用二极管。

　　由 CW317 组成的稳压电路原理图如图 1.11.4 所示,通过调节电位器 R_p 来调节输出电压值。注意对 R_L 电阻的额定功率要求。

　　在图 1.11.3 和图 1.11.4 中,电源变压器输出的电压 u_2 经过桥式整流电路、滤波电路后得到的电压波形示意图如图 1.11.5(b)中的 u_i 所示。其平均值 $U_i \approx 1.2U_2$。U_i 的值一般应大于 U_o 值 2~3V。具体视所用集成稳压器的要求而定。

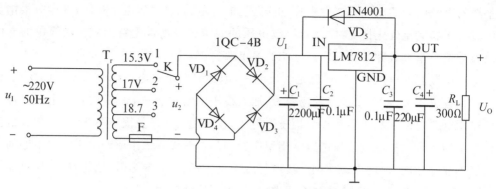

图 1.11.3　固定输出稳压电路原理图

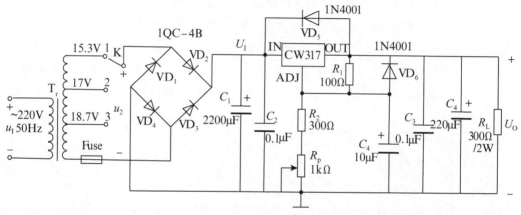

电源变压器　　桥式整流电路　　电容滤波电路　　稳压及调整电路　　滤波电路　　负载

图 1.11.4　输出电压可调的稳压电路原理图

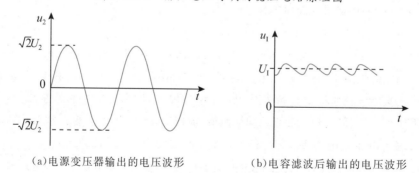

（a）电源变压器输出的电压波形　　　　（b）电容滤波后输出的电压波形

图 1.11.5　整流滤波波形

C_1、C_4 为低频滤波电容,取值可按一般滤波电路的要求选定。通常 C_1 取几百至几千微法,C_4 取几十至几百微法。C_2、C_3 为高频滤波电容,通常在 $0.01\sim0.33\mu F$ 范围内,选用标称电容值。

2. 直流稳压电源的主要性能指标

（1）输出电压额定值 U_O

输出电压额定值 U_O 在所规定的条件下和误差允许的范围内应达到的输出稳压值。

（2）稳压系数 γ

在一定环境温度下，负载电流不变而输入电压变化（通常由电网电压变化±10％所致）时引起输出电压的相对变化量，即

$$\gamma = \frac{\Delta U_\mathrm{O}/U_\mathrm{O}}{\Delta U_\mathrm{I}/U_\mathrm{I}} \Big|_{\Delta I_\mathrm{O}=0,\Delta T=0} = \frac{(U_\mathrm{O}{}'-U_\mathrm{O}{}'')/U_\mathrm{O}}{(U_\mathrm{I}{}'-U_\mathrm{I}{}'')/U_\mathrm{I}} \Big|_{\Delta I_\mathrm{O}=0,\Delta T=0} \tag{1.11.1}$$

其中，$U_\mathrm{O}{}'$ 和 $U_\mathrm{I}{}'$ 分别为电网变化＋10％时稳压电路的输出和输入电压；$U_\mathrm{O}{}''$ 和 $U_\mathrm{I}{}''$ 为电网变化－10％时稳压电路对应的输出和输入电压。γ 值越小，则输出的电压受市电电压变化的影响越小。

（3）输出电阻 R_o

R_o 是指输入和输出电压为额定值时，且输入电压及环境温度不变的情况下，由负载电流变化量 ΔI_o 引起输出电压变化量 ΔU_o 之比值，如式（1.11.2）。R_o 值越小，则输出的电压受负载变化的影响越小。

$$R_\mathrm{o} = \left| \frac{\Delta U_\mathrm{O}}{\Delta I_\mathrm{O}} \Big|_{\Delta U_\mathrm{I}=0,\Delta T=0} \right| \tag{1.11.2}$$

（4）温度系数 S_T

S_T 是指输入和输出电压为额定值时，且输入电压及负载电流不变的情况下，由环境温度变化量 ΔT 引起输出电压变化量 ΔU_o 之比值，如式（1.11.3）。

$$S_\mathrm{T} = \frac{\Delta U_\mathrm{O}}{\Delta T} \Big|_{\Delta I_\mathrm{O}=0,\Delta U_\mathrm{I}=0} \tag{1.11.3}$$

其中，S_T 的单位为 V/℃。

（5）输出纹波电压 $\tilde{U}_\mathrm{O}$ 和纹波系数

输出纹波电压 $\tilde{U}_\mathrm{O}$ 是指在额定负载条件下，输出电压中所含交流分量的有效值，表征输出电压的微小波动。纹波系数用于表征输出电压的脉动程度，定义为纹波电压 $\tilde{U}_\mathrm{O}$ 与输出电压平均值 U_O 之比。

（6）最大输出电流 I_Omax

在输入电压和环境温度不变的情况下，稳压电路输出电压随负载电流 I_O 的增加而减小 0.5％时，对应的负载电流称为最大输出电流 I_Omax。

1.11.3　预习要求

（1）复习直流稳压电源电路的组成及工作原理，理解实验电路原理。

（2）查阅三端集成稳压器芯片 7812 和 317 器件手册，了解其主要参数值，便于与实验数据相比较。

（3）根据图 1.11.4 计算可调输出稳压电路的输出电压调节范围。

1.11.4　实验设备与元器件

实验中用到的设备与主要元器件如表 1.11.1 所示。

表 1.11.1　实验设备与主要元器件

序号	名称	型号规格	数量
1	模拟电子技术实验箱		
2	双踪示波器		
3	万用电表		
4	交流毫伏表		
5	主要元器件	整流二极管、三端稳压器 7812 和 317	

1.11.5　实验内容

1. 整流滤波电路实验

按图 1.11.6 连接实验电路。开关 K 置于变压器 T_r 副边抽头 2 处。

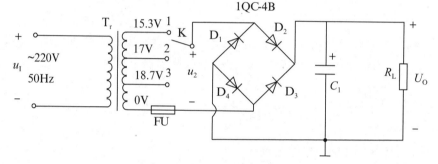

图 1.11.6　整流滤波电路

（1）取 $R_L = 300\Omega$，不接滤波电容 C_1，用示波器分别观察 u_2 和输出电压波形，并用万用表直流电压挡测量输出电压平均值 U_o（即输出电压的直流分量），用万用表交流电压挡测量输出电压的交流分量有效值 U_2（纹波电压），记入表 1.11.2 。

（2）取 $R_L = 300\Omega$，$C_1 = 100\mu F$，重复内容（1）。

（3）取 $R_L = 300\Omega$，$C_1 = 2200\mu F$，重复内容（1）。

（4）取 $R_L = 100\Omega$，$C_1 = 2200\mu F$，重复内容（1）。

注意：

（1）每次改接电路时，必须切断输入的工频电源 u_1。

（2）在用示波器观察输出波形的过程中，"电压灵敏度调节（VOLTS/DIV）"旋钮的位置调好以后，不要再变动，否则将无法比较各波形的脉动情况。

2. 直流稳压电源性能指标测试

（1）搭建实验电路并检查电路是否工作正常

断开工频电源 u_1，按图 1.11.3 改接实验电路，取额定负载电阻 $R_L = 300\Omega$。

整流滤波电路实验视频

输出电压固定的直流稳压电源实验视频

表 1.11.2 整流滤波电路的测量数据表

电路形式	U_2(V)实际测量值	U_o(V)		$\tilde{U}_o$	纹波系数	输出波形
		实测值	理论值			

先检查电路是否工作正常。开关 K 合至位置"2"处,测量 U_2 值(有效值);测量滤波电路输出电压 U_1(直流值),集成稳压器输出电压 U_o(直流值),并用示波器观测 7812 集成块的输入端和输出端的电压波形,这些数值与波形应与理论分析大致符合,否则说明电路出了故障,设法查找故障并加以排除。最常见的故障有熔断丝 FU 开路,7812、电阻、电容器损坏以及连线接触不良或断线等。

电路进入正常工作状态后,才能进行各项性能指标的测试。

(2)测量输出电压额定值 U_o、纹波电压 $\tilde{U}_o$ 和纹波系数

开关 K 合至位置"2"处,R_L=300Ω 测量 U_o、$\tilde{U}_o$,根据测得的值,计算纹波系数,记入表 1.11.3。

表 1.11.3　输出电压额定值、纹波电压、纹波系数的测量数据

测试条件		实际测量值		测量计算值
K 的位置	R_L	U_o(V)	$\tilde{U}_o$(V)	纹波系数：$\tilde{U}_o/U_o$
2	$R_L=300\Omega$			

（3）测量输出电阻 R_o。

在 R_L 不接情况下，测得负载开路电压 U_{OC}，因为开路，因此负载开路电流 $I_{OC}=0$；在接上 $R_L=300\Omega$（视作额定负载）情况下，测得负载额定电流 I_o 和额定电压 U_o，将上述测试值记入表 1.11.4。此时 I_o 的变化量即为 $\Delta I_o=I_o-I_{OC}$，U_o 的变化量即为 $\Delta U_o=U_o-U_{OC}$。根据式（1.11.2）即可求得输出电阻 R_o。测得的 U_o 与 U_{OC} 应基本一致，若相差较大则说明集成稳压块 7812 性能不良。

表 1.11.4　输出电阻 R_o 的测量数据

测试条件		实际测量值		测量计算值		
K 的位置	R_L	I_o(mA)	U_o(V)	ΔU_o	ΔI_o	R_o(Ω)
2	R_L 不接（开路）	$I_{OC}=0$	$U_{OC}=$			
	$R_L=300\Omega$	$I_o=$	$U_o=$			

（4）测量稳压系数 γ

取 $R_L=300\Omega$ 不变（视作输出电流达额定值并保持近似不变），按表 1.11.5 改变整流电路输入电压 U_2，即 K 分别合向"1""2""3"位置（模拟电网电压波动 $\pm10\%$），分别测出 LM7812 的输入电压的直流分量 U_I 及输出电压的直流分量 U_o，记入表 1.11.5。并按实验 1.11 中的式（1.11.1）计算稳压系数 γ。

表 1.11.5　稳压系数 γ 的测量数据

测试条件		实际测量值			测量计算值
K 的位置	R_L	U_2(V)	U_I(V)	U_o(V)	γ
1(15.3V)			$U_I'=$	$U_o'=$	
2(17V)	300Ω		$U_I=$	$U_o=$	
3(18.3V)			$U_I''=$	$U_o''=$	

3. 输出电压可调的直流稳压电源

（1）搭建实验电路

按图 1.11.4 连接实验电路。注意接线时应断开工频电源开关。开关 K 置于变压器 T_r 副边抽头 17V 处，即整流电路输入电压 u_2 设为 17V。R_L 取 300Ω，额定功率 2W 以上的电阻。

（2）测量输出直流电压 U_O 的可调范围

检查实验线路无误后，接通工频电源，观察 u_2、U_I 和输出电压 U_O 的波形，调节 R_p，测量并记录输出直流电压 U_O 的可调范围：

$$U_{Omin} = \underline{\hspace{2cm}}, U_{Omax} = \underline{\hspace{2cm}}$$

1.11.6　实验报告要求

(1)简述实验电路组成及原理,画出完整的实验电路。

(2)整理记录各项实验数据和内容,计算出有关结果,并进行分析。

(3)根据表 1.11.2 中记录的数据及波形,分析当滤波电容 C_1 接入与不接入电路情况下,输出波形有何不同,直流输出电压 U_o 的值有什么不同,并与理论值相比较,分析误差产生的原因。

(4)根据表 1.11.2 中记录的数据及波形,分析电容 C_1 和电阻 R_L 的变化对输出电压和纹波系数的影响。

(5)总结实验中出现的故障和排除方法。

1.11.7　思考题

(1)实验电路中,整流滤波电路的输入、输出电压,稳压器的输入、输出电压,输出纹波电压各是什么性质的电压? 应该使用哪种实验仪器测量它们?

(2)为了使稳压电源的输出电压 $U_O = 12V$,则三端集成稳压器输入电压的最小值 U_{Imin} 应等于多少? 整流电路的交流输入电压最小值 U_{Imin} 又怎样确定?

(3)在桥式整流电路中,如果某个二极管发生开路、短路或反接三种情况,电路将会出现什么问题?

(4)负载能否短路? 如果负载短路,将会发生什么问题?

1.11.8　实验注意事项

(1)本实验输入电压是 220V 的单相交流强电,实验时必须时刻注意人身和设备安全,千万不要大意,必须严格保证接、拆线时不带电,测量调试和进行故障排除时人体绝不能触碰带强电的导体。

(2)接线时必须十分认真仔细,反复检查接线,组装正确无误后才能通电测试。

(3)变压器的输出端、整流电路和稳压器的输出端绝不允许短路,以免烧坏元器件。

(4)不可用万用表的电流挡和欧姆挡测量电压,当某项内容测试完毕后,必须将万用表置于交流电压最大量程处。

(5)电解电容有正负极性之分,不要接错,否则将烧坏电容。

第二篇

模拟电子技术综合性实验和课程设计

实验 2.1 信号发生器

2.1.1 实验目的

(1)掌握由集成运算放大器组成的方波、三角波、正弦波信号发生器的方法。

(2)熟悉信号发生器主要技术指标及其测量方法。

(3)掌握三端集成稳压器组成的直流稳压电源的调试及其主要性能指标的测量方法。

(4)学习有源滤波器的设计、调试及其幅频特性的测量方法。

2.1.2 任务要求

(1)设计和实现一个如图 2.1.1 所示的能产生方波、三角波和正弦波的低频信号发生器,其主要由三个模块组成:直流稳压电源模块提供 +12V 和 −12V 直流稳压电源,U_1、U_2 和 U_3 组成方波和三角波发生器模块,U_4 模块用于产生正弦波信号。要求输出的方波

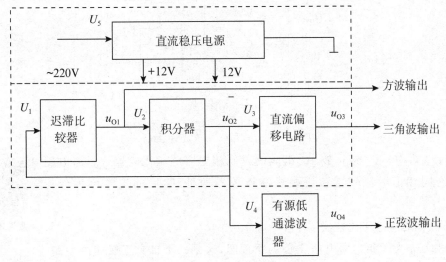

图 2.1.1 实验电路的整体框图

频率可调(1kHz 数量级);输出的三角波幅值、频率和直流偏移量可调;输出的正弦波幅值和频率可调。所有输出波形的电压值在 $+12V$ 至 $-12V$ 之间。

(2)应用 Multisim 仿真软件对所设计的电路进行验证、调试和技术指标的测量。

(3)用实际元器件搭建所设计的已通过 Multisim 仿真软件验证的电路,进行验证、调试和技术指标的测量。

下面给出一种设计方案,同子的也可以用别的方案实现要求的信号发生器。

2.1.3　各模块的设计实例

1. 由集成运放组成的方波和三角波信号发生器

利用集成运放组成的积分器和迟滞比较器即能组成线性度好的方波和三角波发生器。实验电路如图 2.1.2 所示。u_{O1} 输出方波,u_{O2} 输出无直流偏移的三角波,u_{O3} 输出可以设置直流偏移的三角波。运放的电源电压为 $\pm V_{CC}(\pm 12V)$。双向稳压器 2DW231 的稳定电压 U_Z 为 6.2V。

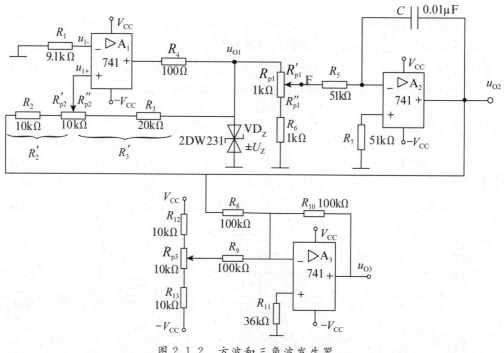

图 2.1.2　方波和三角波发生器

图 2.1.2 中,第一级运放 A_1 组成的是同相迟滞电压比较器。迟滞电压比较器有同相迟滞比较器和反相迟滞比较器两种,它们的工作原理分析如下。

(1)同相迟滞电压比较器

图 2.1.3 为同相迟滞电压比较器原理图,这是一个带有正反馈的电路,

电压比较器
工作原理
分析视频

R_2 组成了正反馈网络,输入信号通过电阻 R_1 送到运放的同相输入端。

迟滞电压比较器有两个门限电压,当运放的同相输入端的电位和反相输入端的电位相同时对应的输入电压 u_1 称为比较器的门限电压(设为 U_{TH})。由于运放输入端的电流很小,可视作虚断,所以反相输入端的电位 $u_- = 0$,同相端的电位:

$$u_+ = \frac{R_1 u_O}{R_1 + R_2} + \frac{R_2 u_1}{R_1 + R_2} \tag{2.1.1}$$

所以,通过令 $u_+ = u_- = 0$,即

$$\frac{R_1 u_O}{R_1 + R_2} + \frac{R_2 U_{TH}}{R_1 + R_2} = 0 \tag{2.1.2}$$

可得门限电压为

$$U_{TH} = -\frac{R_1}{R_2} u_O \tag{2.1.3}$$

式(2.1.3)中 u_O 的值有两个,分别是运放的最大输出电压 U_{OH} 和最小输出电压 U_{OL},由此可得到两个门限电压,较大的值称为上门限电压,较小的值称为下门限电压。由式(2.1.3)得到上门限电压:

$$U_{TH+} = -\frac{R_1}{R_2} \times U_{OL} \tag{2.1.4}$$

下门限电压:

$$U_{TH-} = -\frac{R_1}{R_2} \times U_{OH} \tag{2.1.5}$$

根据上门限电压和下门限电压可计算回差电压:

$$\Delta U_{TH} = U_{TH+} - U_{TH-} = \frac{R_1}{R_2} \times (U_{OH} - U_{OL}) \tag{2.1.6}$$

图 2.1.3 电路中,若设放电源电压为正负双电源 $\pm V_{CC}$ 供电,则一般来说,$U_{OL} = -U_{OH}$,$U_{TH-} = -U_{TH+}$,则电压传输特性如图 2.1.4 所示。

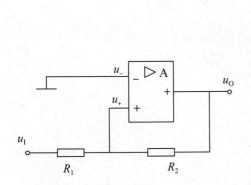

图 2.1.3　同相迟滞比较器

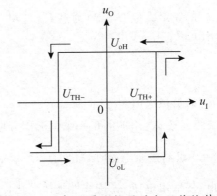

图 2.1.4　同相迟滞比较器的电压传输特性

(2)反相迟滞比较器

图 2.1.5 所示为反相迟滞比较器。上门限电压和下门限电压分别为

$$U_{TH+} = \frac{R_2 U_{REF}}{R_1 + R_2} + \frac{R_1 U_{OH}}{R_1 + R_2} \qquad (2.1.7)$$

$$U_{TH-} = \frac{R_2 U_{REF}}{R_1 + R_2} + \frac{R_1 U_{OL}}{R_1 + R_2} \qquad (2.1.8)$$

回差电压为

$$\Delta U_{TH} = U_{TH+} - U_{TH-} = \frac{R_1}{R_1 + R_2} \times (U_{OH} - U_{OL}) \qquad (2.1.9)$$

在图 2.1.5 电路中,若设 $U_{REF}=0V$,运放电源电压为双电源 $\pm V_{CC}$,则有 $U_{OL} = -U_{OH}$,$U_{TH-} = -U_{TH+}$,电压传输特性如图 2.1.6 所示。

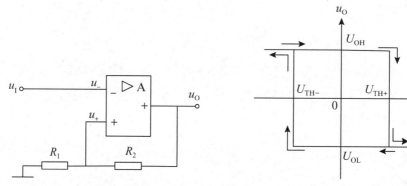

图 2.1.5 反相迟滞比较器   图 2.1.6 反相迟滞比较器的电压传输特性

很显然,图 2.1.2 中运放 A_1 组成的是一个同相迟滞比较器,其输出电压 u_{O1} 由 DW231 双向稳压管限幅在 $\pm U_Z$,稳压管输出电压的极性视流过稳压管电流的极性而定, DW231 稳压管也可以用两个稳压管反相串联代替,R_4 是稳压管的限流电阻,其作用是防止流过稳压管的电流过大,该同相迟滞比较器的两个门限电压值为

$$U_{TH+} = \frac{R'_2}{R'_3} \times U_Z \qquad (2.1.10)$$

此即为 u_{O2} 的正最大值 U_{O2M+}(通过 R_{p2} 可调)。

下门限电压为

$$U_{TH-} = -\frac{R'_2}{R'_3} \times U_Z \qquad (2.1.11)$$

此即为 u_{O2} 的负最大值 U_{O2M-}(通过 R_{p2} 可调)。

第二级运放 A_2 组成的是一个恒流积分电路。

设 $t=0$ 时刻接通电源时,有 $u_{O1} = U_Z$,F 点的电位 $U_F = \frac{R''_{p1} + R_6}{R_{p1} + R_6} \times U_Z$,则该 U_F 经 R_5 向 C 充电,使输出电压 u_{O2} 按线性规律变化:

$$u_{O2}(t) = -\frac{1}{C} \int \frac{U_F}{R_5} dt = -\frac{\frac{R''_{p1} + R_6}{R_{p1} + R_6} U_Z}{CR_5} \times t = -\frac{R''_{p1} + R_6}{R_{p1} + R_6} \cdot \frac{U_Z}{CR_5} t \qquad (2.1.12)$$

当 u_{O2} 下降到门限电压 U_{TH-},使 $u_{1+} = u_{1-}$ 时,比较器输出 u_{O1} 由 $+U_Z$ 下跳到 $-U_Z$,同

时门限电压上跳到 U_{TH+}，$U_F = -\dfrac{R''_{p1}+R_6}{R_{p1}+R_6} \times U_Z$，电容 C 经 R_5 放电，这期间（$t = t_1 \sim t_2$），

u_{O2} 按以下规律上升：

$$u_{O2}(t) = -\frac{1}{C}\int \frac{U_F}{R_5}dt = -\frac{-\dfrac{R''_{p1}+R_6}{R_{p1}+R_6}U_Z}{CR_5} \times (t-t_1) + U_{O2M-}$$

$$= \frac{R''_{p1}+R_6}{R_{p1}+R_6} \cdot \frac{U_Z}{CR_5}(t-t_1) + U_{O2M-} \tag{2.1.13}$$

当 u_{O2} 上升到门限电压 U_{TH+}，使 $u_{1+} = u_{1-}$ 时，比较器输出 u_{O1} 由 $-U_Z$ 上跳到 $+U_Z$。此后在 $t = t_2 \sim t_3$ 期间，有

$$u_{O2}(t) = -\frac{1}{C}\int \frac{U_F}{R_5}dt = -\frac{\dfrac{R''_{p1}+R_6}{R_{p1}+R_6}U_Z}{CR_5} \times (t-t_2) + U_{O2M+}$$

$$= -\frac{R''_{p1}+R_6}{R_{p1}+R_6} \cdot \frac{U_Z}{CR_5}(t-t_2) + U_{O2M+} \tag{2.1.14}$$

如此周而复始，产生波形 u_{O1}、u_{O2}，如图 2.1.7 中的（a）（b）所示。

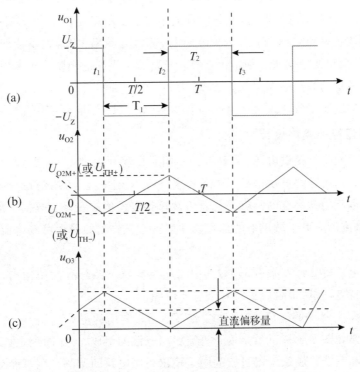

图 2.1.7 u_{O1}、u_{O2}、u_{O3} 的波形图

根据式（2.1.13）和式（2.1.14），可得 $T_1 = T_2 = \dfrac{2R'_2}{R'_3}\dfrac{R_{p1}+R_6}{R''_{p1}+R_6}R_5C$，故波形周期：

$$T = T_1 + T_2 = \frac{4R'_2}{R'_3}\frac{R_{p1}+R_6}{R''_{p1}+R_6}R_5C \tag{2.1.15}$$

综上所述，由式（2.1.10）、式（2.1.11）和式（2.1.15）可知，调节 R_{p2} 可改变三角波 u_{O2}

的幅值和周期；调节 R_{p1} 可改变周期 T 的值，而三角波 u_{O2} 的幅值却不会改变。

运算放大器 A3 组成的反向加法器用于对三角波 u_{O2} 加一个直流偏移量，从而得到加有直流偏移量的三角波 u_{O3}，u_{O3} 的波形如图 2.1.7(c)所示。直流偏移量的大小通过电位器 R_{p3} 进行调节。

2. 正弦波产生电路设计

图 2.1.1 中 U_4 单元电路用于将输入的三角波转换成正弦波输出，有多种方法能完成这一转换，常用的有滤波法、运算法和折线法等。用滤波法实现的原理如下。

U_4 单元电路的输入是如图 2.1.7(b)所示的三角波，其幅值为 U_{O2M+}，将该三角波用傅立叶级数展开：

$$u_{O2} = \frac{8}{\pi^2} U_{O2M+} \left(\sin\omega t - \frac{1}{3^2}\sin 3\omega t + \frac{1}{5^2}\sin 5\omega t - \frac{1}{7^2}\sin 7\omega t + \cdots \right) \qquad (2.1.16)$$

由式(2.1.16)可知，若三角波的频率变化范围不大，则可用低通滤波器滤除高次谐波，保留基波成分，即可得到正弦波，且正弦波与三角波间具有固定的幅值关系。

请自行设计一个能在三角波 u_{O2} 可调频率范围内将三角波 u_{O2} 基波提取出来的由单运放组成的 M 阶有源低通滤波器，截止频率和通带增益自行确定。但截止频率一般应根据该三角波的基波频率和频率调节范围确定，因为若截止频率太高，则不能滤除高次谐波，截止频率太低，则基波也将被滤除。若方波和三角波发生器选用图 2.1.2 所示方案，则有源低通滤波器模块的截止频率建议设为 500Hz。

图 2.1.1 中所用运放建议统一选定一种型号，如 741，也可选用别的型号的运放。

3. 直流稳压电源模块设计

为了给信号发生器提供电源，需要设计一组直流稳压电源，电源的输出电压值、极性和能提供的最大电流是由被供电的信号发生器所需额定电流、所用的运放型号以及所需的输出电压范围等因素决定的。直流稳压电源输出电压值应在运放数据手册规定的范围内，最大输出电流值应大于被供电的信号发生器正常工作时的最大可能电流，并留有一定裕量。

直流稳压电源的设计方案有不少，其中三端集成稳压器具有使用便利、性价比高、工作可靠性高的特点，常用于组成正负直流稳压电源。

如果信号发生器中的运放选用 741，±12V 是其常用的电源电压值。±12V 直流稳压电源参考电路如图 2.1.8 所示。关于直流稳压电源的组成、工作原理、直流稳压电源的主要性能指标和三端集成稳压器组成的固定输出稳压电路的调测步骤可参见实验 1.11。

2.1.4 预习要求

(1)理解迟滞电压比较器的工作原理。

(2)查阅 μA741 运放(或其他所用型号的运放)、7812 和 7912 三端集成稳压器的使用手册，了解其主要参数。

（3）计算三角波信号 u_{O3} 的周期调节范围（$T_{\min}\sim T_{\max}$）、频率调节范围和直流偏移量调节范围。

（4）初步完成单运放组成的有源低通滤波器的设计，滤波器阶数建议二阶或二阶以上，要求能在三角波 u_{O2} 可调频率范围内滤除该三角波信号中的高次谐波，保留其基波信号。所选用的元器件如果是实验室没有的，也可以自行购买。

（5）阅读实验 1.11，理解图 2.1.8 的工作原理和调测方法。

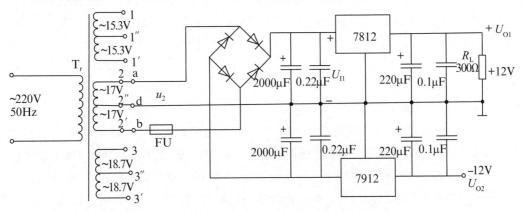

图 2.1.8　+12V 和 −12V 直流稳压电源实验电路

2.1.5　实验设备与元器件

实验中用到的设备与主要元器件如表 2.1.1 所示。

表 2.1.1　设备与主要元器件

序号	名称	型号规格	数量
1	双踪示波器		
2	函数信号发生器		
3	交流毫伏表		
4	万用表		
5	安装有 Multisim 软件的计算机		
6	主要元器件	741 运放、7812 和 7912 等	

2.1.6　实验内容

复杂模拟电子系统的调测过程通常是按先仿真再实测、先模块再系统的顺序。接下来的实验内容（一）是仿真调测，实验内容（二）是实际调测。

仿真调测

1. ±12V 直流稳压电源模块的 Multisim 仿真调测实验

(1)搭建仿真电路

打开一个新的 Multisim 工作区窗口,参照图 2.1.8(或自主设计的电路)搭建仿真电路。额定负载电阻选 $R_L = 300\Omega$,其额定功率选 1W 以上。R_L 先接在 +12V 输出端,用于调试和测量 +12V 稳压电源电路的参数,等 +12V 稳压电源电路调试和参数测量完成后,再把 R_L 改接在 -12V 输出端,用于调试和测量 -12V 稳压电源电路的参数。+12V 和 -12V 稳压电源电路都调试好后,将 R_L 移去,+12V 和 -12V 输出端就可以接需要供电的电路了。

(2)初步判定电路是否工作正常

a、b、d 端分别与 2、2′、2″端相连,测量 a、b 端间的电压有效值 U_2;输出电压 U_{O1}(直流值)和 U_{O2}(直流值),并用示波器观测所用的 7812 和 7912 集成块的输入端和输出端的电压波形。这些数值与波形应与理论分析大致符合,否则说明电路出了故障,需要设法查找故障并加以排除。最常见的故障有熔断丝开路,断线,7812、7912、电阻、电容器损坏,以及连线接触不良等。

电路进入正常工作状态后,才能进行各项指标的测试。

(3)+12V 直流稳压电源指标测试

① +12V 直流稳压电源的输出电压额定值 U_{O1} 及输出电阻 R_o 的测量。a、b、d 端分别与 2、2′、2″端相连,测量 a、b 端间的电压有效值 $U_2 = _____$;在 R_L 不接情况下,测得负载开路电流 I_{O1C} 和开路电压 U_{O1C};在接上 $R_L = 300\Omega$(视作额定负载)情况下,测得流过 R_L 负载的额定电流 I_{O1} 和额定电压 U_{O1},将上述测试值记入表 2.1.2。此时 I_{O1} 的变化量即为 $\Delta I_{O1} = I_{O1} - I_{O1C}$,$U_{O1}$ 的变化量即为 $\Delta U_{O1} = U_{O1} - U_{O1C}$。根据实验 1.11 中的公式(1.11.2)即可求得输出电阻 R_{o1}。测得的 U_{O1} 与 U_{O1C} 应基本一致,若相差较大则说明所用的集成稳压块 7812 性能不良。

表 2.1.2 +12V 直流稳压电源的输出电阻 R_{o1} 的仿真测量数据

测试条件		仿真测量值		测量计算值		
a、b 端电压	R_L	I_{O1}(mA)	U_{O1}(V)	ΔU_{O1}	ΔI_{O1}	R_{o1}(Ω)
~17×2V	R_L 不接(开路)	$I_{O1C} = 0$	$U_{O1C} =$			
	$R_L = 300\Omega$	$I_{O1} =$	$U_{O1} =$			

② 测量 +12V 直流稳压电源的稳压系数 γ。取负载电阻 $R_L = 300\Omega$ 不变(视作为输出电流达额定值并保持近似不变),按表 2.1.3 改变整流电路输入电压 U_2 为 15.3×2V、17×2V 和 18.7×2V,以模拟电网电压波动 +10% 和 -10%,分别测出 7812 集成块的输入电压 $U_{II}′$、U_{II}、$U_{II}″$ 及输出直流电压 $U_{O1}′$、U_{O1}、$U_{O1}″$,记入表 2.1.3。并按实验 1.11 中的公式(1.11.1)计算稳压系数 γ。

表 2.1.3　＋12V 直流稳压电源的稳压系数 γ 的仿真测量数据

测试条件		仿真测量值			测量计算值
a、b 端电压	R_L	U_2(V)	U_{I1}(V)	U_{O1}(V)	γ
15.3×2V			$U_{I1}{}' =$	$U_{O1}{}' =$	
17×2V	300Ω		$U_{I1} =$	$U_{O1} =$	
18.7×2V			$U_{I1}{}'' =$	$U_{O1}{}'' =$	

（4）－12V 直流稳压电源指标测试

①－12V 直流稳压电源的输出电压额定值 U_{O2} 及输出电阻 R_{o2} 的测量。a、b、d 端分别与 2、2'、2″端相连,测量 $U_2 = $ _____;在负载电阻 R_L 不接情况下,测得负载开路电流 I_{O2C} 和开路电压 U_{O2C};在接上 $R_L = 300\ \Omega$(视作额定负载)情况下,测得流过 R_L 负载的额定电流 I_{O2} 和额定电压 U_{O2},将上述测试值记入表 2.1.4。此时 I_{O2} 的变化量即为 $\Delta I_{O2} = I_{O2} - I_{O2C}$,$U_{O2}$ 的变化量即为 $\Delta U_{O2} = U_{O2} - U_{O2C}$。根据实验 1.11 中的公式(1.11.2)即可求得输出电阻 R_{o2}。测得的 U_{O2} 与 U_{O2C} 应基本一致,若相差较大则说明所用的集成稳压块 7912 性能不良。

表 2.1.4　－12V 直流稳压电源的输出电阻 R_{o2} 的仿真测量数据

测试条件		仿真测量值		测量计算值		
a、b 端电压	R_L	I_{O2}(mA)	U_{O2}(V)	ΔU_{O2}	ΔI_{O2}	R_{o2}(Ω)
～17×2V	R_L 不接(开路)	$I_{O2C} = 0$	$U_{O2C} =$			
	$R_L = 300\Omega$	$I_{O2} =$	$U_{O2} =$			

②测量－12V 直流稳压电源的稳压系数 γ。取 $R_L = 300\Omega$ 不变(视作为输出电流达额定值并保持近似不变),按表 2.1.5 改变整流电路输入电压 U_2 为 15.3×2V、17×2V 和 18.7×2V,以模拟电网电压波动＋10％和－10％,分别测出 7912 稳压器的输入电压 $U_{I2}{}'$、U_{I2}、$U_{I2}{}''$ 及输出直流电压 $U_{O2}{}'$、U_{O2}、$U_{O2}{}''$,记入表 2.1.5。并按实验 1.11 中的公式(1.11.1)计算稳压系数 γ。

表 2.1.5　－12V 直流稳压电源的稳压系数 γ 的仿真测量数据

测试条件		仿真测量值			测量计算值
a、b 端电压	R_L	U_2(V)	U_{I2}(V)	U_{O2}(V)	γ
15.3×2V			$U_{I2}{}' =$	$U_{O2}{}' =$	
17×2V	300Ω		$U_{I2} =$	$U_{O2} =$	
18.7×2V			$U_{I2}{}'' =$	$U_{O2}{}'' =$	

调测完成后,保存仿真原文件,文件名设为 DCpower。

2. 有源低通滤波器模块的 Multisim 仿真实验

用 Multisim 对有源低通滤波器模块进行仿真调测。实验电路框图如图 2.1.9 所示,连接好实验线路后,用虚拟波特图示仪观察其频率响应,查验截止频率和通带增益是否满足要求,如果不满足要求,则调整滤波器参数或者调整设计方案,如此反复,直至所设计的滤波器满足要求。注意,做滤波器单元电路实验时,滤波器的输入端不要与图 2.1.1 所示总电路中的 u_{O2} 相联。虚拟波特图示仪的使用说明可参见实验 3.2 中的相关内容。

记录最后设计好的滤波器的截止频率 $f_H =$ _____ Hz、通带增益 $A_0 =$ _____ 和幅频响应图。调测完成后,保存仿真电路,文件名设为 filter。

图 2.1.9　有源低通滤波器框图

3. 方波和三角波发生器电路的 Multisim 仿真实验

(1)搭建方波和三角波发生器仿真电路

在新的 Multisim 工作区窗口,创建如图 2.1.2 所示电路。集成运算放大器选择 741 虚拟元件,或 LM741,或 μA741 等,741 运放的引脚图可参见实验 1.6。图 2.1.2 中的双向稳压器 2DW231 可以用 Multisim 中的两个 1N4734A(稳定电压为 5.6V)反向串联代替。

(2)初步检查电路是否工作正常

用 Multisim 虚拟四通道示波器观测 u_{O1}、u_{O2}、u_{O3} 的波形,如果异常,需要分析原因,查找问题所在,并解决。在波形正常情况下,调节两个电位器 R_{p1}、R_{p2},观测 u_{O1}、u_{O2}、u_{O3} 的波形变化情况:通过调节 R_{p1},可调节 u_{O1}、u_{O2}、u_{O3} 的周期(或频率);通过调节 R_{p2},可调节三角波 u_{O3} 的峰峰值和周期;通过调节 R_{p3},可调节 u_{O3} 的直流偏移量。

调测完成后保存仿真电路,文件名设为 STWgenerators。

4. 信号发生器系统的 Multisim 仿真调测

(1)搭建信号发生器系统的仿真电路

参照图 2.1.1 所示系统框图,在前述方波和三角波发生器仿真电路(名为 STWgenerators 的仿真电路)的基础上,加接 ±12V 直流稳压电源模块(从名为 DCpower 的仿真电路中复制)和有源低通滤波器模块(从名为 filter 的仿真电路中复制),完成信号发生器系统的完整电路的连线。注意,直流稳压电源电路的负载电阻 R_L 不要接。

(2)初步检查电路是否工作正常

用 Multisim 虚拟四通道示波器观测 u_{O1}、u_{O2}、u_{O3} 和 u_{O4} 的波形,如果异常,需要分析原因,查找问题所在,并解决。

(3)波形参数的测量

在 u_{O1}、u_{O2}、u_{O3} 和 u_{O4} 波形正常情况下,通过调节 3 个电位器 R_{p1}、R_{p2}、R_{p3},完成相关参数的测量。

①调节 R_{p2},用虚拟示波器测出 u_{O3} 的峰峰值调节范围,记录其最小值和最大值,记入

表2.1.6。

②调节R_{p2}，用虚拟示波器观察它对u_{O1}、u_{O3}和u_{O4}周期值的影响，再调节R_{p1}，观察它对u_{O1}、u_{O3}和u_{O4}的周期值的影响，记录周期的最小值T_{min}和最大值T_{max}，并测量u_{O4}的频率调节范围，记入表2.1.6。

③调节R_{p3}，用虚拟示波器测出u_{O3}的直流偏移量调节范围，记录其最小值和最大值，记入表2.1.6。

④测量u_{O1}的峰峰值，记入表2.1.6。

⑤画出某一频率和某一波形幅值情况时的u_{O1}、u_{O2}、u_{O3}和u_{O4}波形图，标注坐标刻度，并在图上标注这四个波形的幅值和周期值。也可以截图记录。

⑥将表2.1.6中测得的仿真测量值与相应的理论估算值进行比较。

表2.1.6　波形发生器的仿真测试数据和理论估算值

	仿真测量值		理论估算值	
	最大值	最小值	最大值	最小值
u_{O3}的峰峰值调节范围				
u_{O1}、u_{O3}、u_{O4}周期调节范围				
u_{O4}的频率调节范围				
u_{O3}的直流偏移量调节范围				
u_{O1}的峰峰值				

用实际元器件搭建电路并进行调测

1. ±12V直流稳压电源模块

用实际元器件按照图2.1.8所示电路进行实验。这部分电路调测完成后请保留电路，不要拆掉，以备最后总电路的搭建和调测。

调测步骤与实验内容（一）中的"1.±12V直流稳压电源模块的Multisim仿真调测实验"相同，先检查电路是否工作正常，电路进入正常工作状态后，完成各项指标的测试。测试结果分别记入表2.1.7至表2.1.10

表2.1.7　+12V直流稳压电源的输出电阻R_{o1}的测量数据

测试条件		实际测量值		测量计算值		
a、b端电压	R_L	I_{O1}(mA)	U_{O1}(V)	ΔU_{O1}	ΔI_{O1}	R_{o1}(Ω)
～17×2V	R_L 不接（开路）	$I_{O1C}=0$	$U_{O1C}=$			
	$R_L=300\Omega$	$I_{O1}=$	$U_{O1}=$			

表 2.1.8　＋12V 直流稳压电源的稳压系数 γ 的测量数据

测试条件		实际测量值			测量计算值
a、b 端电压	R_L	U_2（V）	U_{I1}（V）	U_{O1}（V）	γ
15.3×2V			$U_{I1}{}'=$	$U_{O1}{}'=$	
17×2V	300Ω		$U_{I1}=$	$U_{O1}=$	
18.7×2V			$U_{I1}{}''=$	$U_{O1}{}''=$	

表 2.1.9　－12V 直流稳压电源的输出电阻 R_{o2} 的测量数据

测试条件		实际测量值		测量计算值		
a、b 端电压	R_L	I_{O2}（mA）	U_{O2}（V）	ΔU_{O2}	ΔI_{O2}	R_{o2}（Ω）
～17×2V	R_L 不接（开路）	$I_{O2C}=0$	$U_{O2C}=$			
	$R_L=300Ω$	$I_{O2}=$	$U_{O2}=$			

表 2.1.10　－12V 直流稳压电源的稳压系数 γ 的测量数据

测试条件		实际测量值			测量计算值
a、b 端电压	R_L	U_2（V）	U_{I2}（V）	U_{O2}（V）	γ
15.3×2V			$U_{I2}{}'=$	$U_{O2}{}'=$	
17×2V	300Ω		$U_{I2}=$	$U_{O2}=$	
18.7×2V			$U_{I2}{}''=$	$U_{O2}{}''=$	

2. 有源低通滤波器模块

这部分电路调测完成后请保留电路,别拆掉,以备最后总电路的搭建和联合调测。

将滤波器模块电路单独接线、单独调测,通过实际实验调测,进一步完善设计。注意,进行滤波器模块电路实验时,滤波器的输入端不要与图 2.1.1 所示总电路中的 u_{o2} 相联。调测方法如下:

首先,根据自行设计好的低通滤波器电路连线;然后,调测通带增益,在滤波器输入端接一函数信号发生器,由函数信号发生器输出频率 $f=20Hz$ 左右、有效值 $U_i=2V$ 的正弦波电压信号作为滤波器的通带内信号的输入,滤波器的输出接一示波器,正常情况下示波器上应该有一同频率的正弦波,测量该正弦波的有效值 U_o,计算通带电压增益 $A_0=U_o/U_i$,以验证通带增益是否满足要求,如果不满足要求,则调整滤波器参数或者调整设计方案,如此反复,直至所设计的滤波器通带增益满足要求;最后,调测低通滤波器的截止频率,在低通滤波器输入信号有效值 U_i 保持不变的情况下,增加输入信号的频率 f,当低通滤波器输出信号有效值降到原来的(20Hz 输入时的输出值)0.707 时,相应的输入信号频率值,即为低通滤波器的 3dB 截止频率 f_H,如果 f_H 不满足设计要求,则调整滤波器参数或者调整设计方案,直至满足设计要求。

在调测滤波器通带增益 A_0 和截止频率 f_H 的过程中,可能会互相受影响,常常需要反复调试,直到两者均满足设计要求。

调试完成后,在表 2.1.11 中记录滤波器的截止频率、通带增益和通带外电压增益的衰减情况,并与理论值比较。

表 2.1.11　滤波器的实测技术指标

	实际测量值	理论设计值
通带电压增益 A_0		
截止频率(Hz)		
通带外的增益衰减率(dB/十倍频程)		

3. 用实际元器件搭建方波、三角波和正弦波信号发生器,观测波形,并测试相关参数

(1)用实际元器件搭建图 2.1.2 所示的方波、三角波信号发生器。并用已调测好的 ±12V 直流稳压电源给电路供电(如果之前搭建的直流稳压电源没有调试成功,则可以暂时先用实验箱中现有的直流稳压电源供电)。

(2)用双通道示波器先同时观测 u_{O1} 和 u_{O2} 的波形,如果有异常,需要分析原因,查找问题所在,并解决;再用双通道示波器同时观测 u_{O2} 和 u_{O3} 的波形,如果有异常,需要分析原因,查找问题所在,并解决。

(3)在 u_{O1}、u_{O2} 和 u_{O3} 波形正常情况下,将 u_{O2} 信号接到已调试好的低通滤波器电路的输入端(注意:将 u_{O2} 信号接入前,应先撤去滤波器输入端与信号发生器间的连线),用双通道示波器同时观测 u_{O2} 和 u_{O4} 的波形,正常情况下,u_{O4} 应输出一个频率与 u_{O2} 的基波频率相同的正弦波电压信号,如果有异常,需要分析原因,查找问题所在,并解决。

(4)波形参数的测量

在 u_{O1}、u_{O2}、u_{O3} 和 u_{O4} 波形正常情况下,通过调节 3 个电位器 R_{p1}、R_{p2}、R_{p3},完成相关参数的测量。

①调节 R_{p2},用示波器测出 u_{O3} 的峰峰值调节范围,记录其最小值和最大值,记入表 2.1.12。

②调节 R_{p2},用示波器观察它对 u_{O3} 和 u_{O4} 周期值的影响,再调节 R_{p1},观察它对 u_{O3} 和 u_{O4} 的周期值的影响,记录周期的最小值 T_{min} 和最大值 T_{max},并测量 u_{O4} 的可调频率的最大值和最小值,记入表 2.1.6。

③调节 R_{p3},用示波器测出 u_{O3} 的直流偏移量调节范围,记录其最小值和最大值,记入表 2.1.12。

④测量并记录某频率时的方波 u_{O1} 的频率、峰峰值、上升沿时间和下降沿时间,记入表 2.1.13。

⑤画出某一频率和某一波形幅值情况时的 u_{O1}、u_{O2}、u_{O3} 和 u_{O4} 波形图,标注坐标刻度,并在图上标注这四个波形的幅值和周期值。用示波器的 FFT 分析功能分析和记录此时 u_{O4} 的频谱。也可以拍照记录。

⑥将表 2.1.12 中的数据与表 2.1.6 中的相应仿真值和理论估算值进行分析比较。

表 2.1.12　三角波和正弦波的实际测试数据

	实际测量值	
	最大值	最小值
u_{O3} 的峰峰值调节范围		
u_{O3}、u_{O4} 周期值调节范围		
u_{O3} 的直流偏移量调节范围		
u_{O4} 的频率调节范围		

表 2.1.13　方波的测试数据

参数	实际测量值
u_{O1} 的频率	
u_{O1} 的峰峰值	
u_{O1} 的上升沿时间	
u_{O1} 的下降沿时间	

2.1.7　实验报告撰写要求

(1)摘要。

(2)任务要求。

(3)各模块的设计方案,工作原理分析计算,误差分析。

(4)实验步骤、数据、图表等记录及分析。

(5)实验所用仪器设备型号规格和电子元器件列表。

(6)总结实验中出现的问题、解决办法、意见和建议等。

(7)实验注意事项。

(8)参考文献。

2.1.8　思考题

(1)u_{O1}、u_{O3} 和 u_{O4} 周期值最小值 T_{min} 和最大值 T_{max} 两个值分别发生在什么情况下?

(2)用什么方法可使得输出的方波幅值也可调?

(3)还有什么方法可以产生正弦波?

2.1.9　注意事项

(1)电路中各运放、芯片引脚正确连接,特别注意电解电容器(极性电容器)的正负极性不能接反,否则极性电容器会烧毁。

(2)运放的正负电源引脚端电源极性不能接反。

(3)注意用电安全,搭接和改接实验线路前,应该断开实验箱电路的总电源开关。

**实验
2.2**

称重信号调理电路的设计和调测

2.2.1　实验目的

(1) 学习称重信号调理电路的设计和调试方法。

(2)掌握对微弱电压信号进行放大的方法。

(3)巩固用集成运算放大器组成差分放大电路、滤波电路、电压/电流转换电路的方法。

(4)运用 Multisim 仿真软件进行辅助设计和调测。

(5)综合运用所学知识分析和解决实际问题。

2.2.2　任务要求

电子秤从日常生活到工业、农业、医疗、运输等领域都有着广泛的应用,它主要由称重传感器及传感器输出信号调理电路组成,称重传感器将重量信号转换成电信号,由于该电信号是微弱信号,因此需要通过信号调理电路将微弱信号进行放大、处理和变换,然后再进行下一级模数转换和数字信号处理后显示结果。信号调理电路主要是由模拟电子电路组成。设计任务要求如下:

(1)按图 2.2.1 所示框图设计一种称重信号调理电路。称重传感器模块可以是应变片压力称重传感器,也可以是其他类型的称重传感器,称重传感器的输出电压值由其电源电压和所加的压力共同决定,一般来说,称重传感器输出的是毫伏级微弱电压。前置放大电路用于将称重传感器模块输出的毫伏级电压信号放大至几伏。有源低通滤波电路用于滤除工频干扰信号。电压—电流转换电路用于将电压信号转换为电流信号,以电流方式输出的优势是可以将模拟信号进行较长距离的传输。

(2)称重传感器模块。自行确定称重传感器模块型号,并获得其相关参数,特别是对应空载和满载时输出电压的实测最小值 U_{1min} 和最大值 U_{1max}(均为直流值)。以便后级各模块电路的设计。

（3）前置放大电路模块和有源低通滤波电路模块：当称重传感器模块的载荷从空载至满载变化时，称重传感器模块输出信号经前置放大电路放大和滤波电路滤波后，对应输出电压值在 0～5V 间成线变化。要求所设计的滤波器能滤除 50Hz 以上的信号。

（4）电压－电流转换电路：要求能将 0～5V 电压信号转换成标准的 4～20mA 电流信号输出。

（5）系统输出：当称重传感器的载荷从空载加至满载时，要求输出电流 i_0 相应地从 4mA 变化到 20mA。

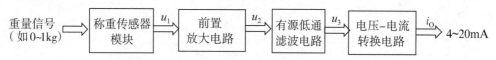

图 2.2.1　称重传感器信号调理电路总体框图

以下给出一种设计方案，同子们也可以用别的方案实现。

2.2.3　设计实例

1. 称重传感器模块

应变片压力传感器是常用的一种称重传感器，型号丰富，容易获得，图 2.2.2 是典型的带有温度补偿的等效电路图之一。R_1 是应变电阻，随承受的压力变化而变化；R_2 是与 R_1 同材质的并与 R_1 处于同一环境下的应变电阻，但不承受压力，R_1 和 R_2 值随温度作相同方向变化。电桥输出与桥臂参数的关系为 $u_1 = A(R_1 R_4 - R_2 R_3)$，式中的 A 是由桥臂电阻和电源电压 E 决定的常数，当 R_4 和 R_3 为常数，R_1 和 R_2 值随温度的变化对输出电压 u_1 的作用方向相反，由此可实现温度的补偿。作为一设计实例，现选用 CZL-611N 应变片压力传感器模块，该称重传感器模块满量程载荷为 1kg，电源电压为 3～12V，综合误差为 0.05%FS，灵敏度为 (1 ± 0.1)mV/V，线性度为 0.05%FS，过载能力为 150%，称重传感器模块的满量程输出电压值等于电源电压乘以灵敏度，设电源电压为 9V，则满载时的输出电压值等于 9×1mV$= 9$mV，满量程输出电压的实测结果为 $U_{imax} = 9.7$mV，空载电压为 $U_{imin} = 1.4$mV，从空载到满载的变化量是 8.3mV。

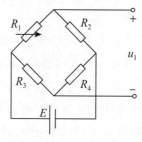

图 2.2.2　应变片压力传感器等效电路图之一

2. 前置放大电路和有源低通滤波电路

由于称重传感器空载时输出电压不为零，所以前置放大电路和低通滤波电路需要有调零功能,使得当称重传感器空载时,滤波器输出为零;另外,需要在称重传感器满载时滤波器级的输出电压达到5V,对应电压增益需为 $5V/8.3mV \approx 602$;此外,要求低通滤波电路能滤除50Hz及以上频率的信号。

现选用差分输入的仪表放大器 AD620 组成前置放大电路,如图 2.2.3 所示,AD620AN 所需外接元器件少,通过 1 脚与 8 脚的外接电阻 R_G 可设定电压放大倍数在 $1 \sim 10000$ 间可调,现设 $R_G = 100\Omega$,则 AD620 电压放大倍数为 $G = \dfrac{49.4k\Omega}{R_G} + 1 = 495$,并在 AD620AN 的 5 脚设计了调零电路,通过调节电位器 R_3($20k\Omega$),使得当称重传感器空载时,滤波电路输出电压 u_3 为零。

有源低通滤波电路选用低输入失调电压、低噪声的 OP07CP 组成经典的同相一阶 RC 有源低通滤波电路,滤波电路参数为 $R = 51k\Omega$,$C = 0.2\mu F$。考虑到前置放大电路电压放大倍数是 495,所以滤波电路的通带增益为 $602/495 = 1.2$,考虑到实际元器件参数和理论存在一定差别,所以在 OP07CP 的输出端(第 6 脚)与反相输入端(第 2 脚)间接一电位器,使得当称重传感器所加的压力为 1kg(满载)时,滤波电路通带内输出电压 u_3 能调整到 5V。

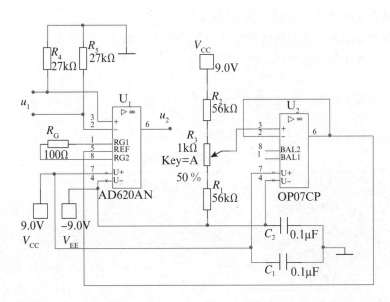

图 2.2.3 前置放大电路

3.电压-电流转换电路

采用如图 2.2.4 所示电路,其中,输入电压 u_3 为前一级有源低通滤波电路的输出,R_L 作为负载电阻,R_L 上的电流即为输出电流 i_O,通过联合调节两个电位器 R_{10} 和 R_{13},可实现当 u_3 在 $0 \sim 5V$ 范围内变化时输出电流 $i_O = 4 \sim 20mA$。电流 i_O 可以直接用直流电流表测量,也可以通过测量负载 R_L 上的电压,再除以 R_L 得到。

称重传感器所用的直流电压为 +9V,前置放大电路、有源低通滤波电路和电压-电流转换电路均用＋9V 和－9V 双路直流电源供电。

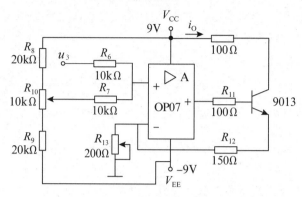

图 2.2.4　电压－电流转换电路

2.2.4　预习要求

(1)了解应变片压力称重传感器原理和主要参数,完成称重传感器选型。

(2)了解高增益精密仪用放大器(如 AD620 等)和高精度低漂移的集成运算放大器(如 OP07)及其主要参数,查阅它们的使用手册。

(3)理解设计任务要求和总体框图。

(4)完成各模块电路的设计方案初稿。

2.2.5　实验设备与元器件

实验中用到的主要设备与元器件如表 2.2.1 所示。

表 2.2.1　实验设备与主要元器件

序号	名称	型号规格	数量
1	双踪示波器		
2	万用表		
3	函数信号发生器		
4	交流毫伏表		
5	装有 Multisim 软件的计算机		
6	主要元器件	AD620、OP07 等	

2.2.6　实验内容

1. 仿真调测

借助 Multisim 电路仿真软件,设计并调测前置放大电路和有源低通滤波电路、电压－电流变换电路等模块。测量和记录这些模块与设计任务对应的参数指标,分析测得的实验数据是否与要求的技术指标相符合,以确定是否需要调整设计方案以期符合设计要求。

(1)前置放大电路和有源低通滤波电路的仿真调测

在 Multisim 的电路工作区窗口按设计图接线,输入端接入 mV 级直流电压 u_1,代替称重传感器的输出,当 u_1 等于 U_{1min}(对应称重传感器空载输出值)时,调节调零电位器使低通滤波器输出 u_3 等于零;当 u_1 等于 U_{1max}(对应称重传感器满载输出值)时,调节电路中的增益调节电位器,使得输出 u_3 等于 5V;u_1 在 $U_{1min} \sim U_{1max}$ 间再取若干(例如 10 个)不同的值,测量对应的输出 u_3,填入表 2.2.2,并记录 $U_{1min} = \underline{\qquad}$ 和 $U_{1max} = \underline{\qquad}$。另外还需要电路仿真软件中的频率特性仪测量滤波器的幅频响应。

表 2.2.2　前置放大电路和有源低通滤波电路的仿真测量结果

u_1 (mV)	U_{1min}									U_{1max}
u_3 (V)										

(2)电压—电流转换电路仿真调测

按设计图接线,输入端接入直流电压,输入直流电压取 0V 时,调节电路中的相关电位器等使得输出电流 i_O 为 4mA;输入直流电压取 5V 时,调节电路中的相关电位器等使得输出电流 i_O 为 20mA;输入直流电压取 0~5V 的若干值,测取对应的输出电流 i_O,记入表 2.2.3 中,并与理论值进行比较。

表 2.2.3　电压—电流转换电路仿真测量结果

u_3 (V)		0									5
i_O (mA)	仿真测量值										
i_O (mA)	理论值	4									20

(3)整机仿真调测

在各模块调测结果符合设计要求的情况下,按图 2.2.1 将各模块(除了称重传感器模块)连接成系统,在 u_1 输入端输入一个用于模拟称重传感器输出电压的直流信号,当 u_1 从最小值 U_{1min} 变化到最大值 U_{1max} 时,测量对应的输出电流 i_O,记入表 2.2.4,验证是否符合设计要求,并分析 i_O 随 u_1 变化的线性度。

表 2.2.4　称重号调理电路整机仿真测量结果

u_1 (mV)	$U_{1min} = \underline{\quad}$									$U_{1max} = \underline{\quad}$
i_O (mA)仿真测量值										
i_O (mA)理论值										

2. 实际调测

(1)前置放大电路和有源低通滤波电路的调测

用实际元器件搭建电路,调测步骤同前面的相关模块的仿真调测,测量和记录相关数据,记入表 2.2.5。

表 2.2.5　前置放大电路和有源低通滤波电路实际测量结果

u_1(mV)	$U_{1\min}=$_____								$U_{1\max}=$_____
u_3(V)									

（2）电压－电流转换电路的调测

用实际元器件搭建电路,调测步骤同前面的电压－电流转换电路的仿真调测,测量和记录相关数据,记入表 2.2.6。

表 2.2.6　电压－电流转换电路实际测量结果

u_3(V)		0							5
i_O(mA)	测量值								
i_O(mA)	理论值	4							20

（3）整机调测

按图 2.2.1 所示框图,将调试好的各模块电路连接起来,并接入称重传感器,组成完整系统,在称重传感器上施加法码进行整机测试,法码以一定的增量,从空载加到满载,分别测量对应的电压 u_1、u_3 和输出电流 i_O,记入表 2.2.7。分析测得的实验数据是否符合各模块及系统的设计要求,i_O 各值偏离其对应的理论值最大为多少。

实测 $R_L=$_____Ω。

表 2.2.7　称重信号调理电路整机实际测量结果

传感器载荷(g)		空载									满载
u_1(mV)											
u_3(V)											
i_O(mA)	实测值										
i_O(mA)	理论值	4.0	5.6	7.2	8.8	10.4	12.0	13.6	15.2	16.8	18.4	20.0

改变负载电阻 R_L 值（增大或减小）,观察输出电流 i_O 有何变化。

2.2.7　实验报告撰写要求

（1）摘要。

（2）设计任务和要求。

（3）各模块电路的设计方案、工作原理分析。

（4）测试结果（数据、图表等）记录及分析,误差分析。

（5）实验所用的仪器设备型号、规格以及电子元器件列表。

（6）总结实验中出现的问题、解决办法、意见和建议等。

（7）总结实验注意事项。

（8）参考文献。

2.2.8　思考题

(1)前置放大电路为什么要用差分放大电路?

(2)采用电流输出模式有什么优势?

(3)电压—电流转换有哪些方法?输出的负载电阻取值大小受电路中什么因素的限制?负载电阻过大或过小对输出电流会产生什么影响?

2.2.9　注意事项

(1)电路中各集成芯片引脚要正确连接。

(2)运放的正负电源极性不能接反。

(3)电解电容器(极性电容器)的正负极性不能接反,否则极性电容器会烧毁。

(4)注意用电安全,在连接实验线路前,应该断开电路的供电电源开关。

实验 2.3 单电源集成运算放大器的综合应用

2.3.1 实验目的

(1)熟练掌握用单电源集成运算放大器组成三角波发生器、加法器和滤波器的方法。

(2)运用 Multisim 仿真软件对单电源集成运算放大器组成的三角波发生器、加法器、滤波器进行辅助设计和调测。

(3)运用实验室常用仪器仪表,对三角波发生器、加法器、滤波器等模块及其组成的系统进行由模块到系统的调试及其性能指标的测量。

2.3.2 任务要求

(1)使用一片四运放芯片 LM324,按图 2.3.1 所示框图设计电路,实现下述功能:

①设计一个振荡器,产生如图 3.2.2 所示的三角波信号 u_2,要求 u_2 波形的峰峰值 $U_{2pp}=4V$,频率 $f_2=2000\,Hz$。

②使用函数信号发生器产生 $u_1=0.2\sin1000\pi t\,(V)$ 的正弦波信号,通过加法器实现输出电压 $u_3=5u_1+u_2$。

③u_3 经选频滤波器滤除 u_2 频率分量,选出 500 Hz 正弦波信号,要求正弦信号峰峰值等于 8V,用示波器观测无明显失真。

④电源只能采用+12V 单电源。要求预留 u_1、u_2、u_3、u_4 的测试端口。

(2)通过各单元电路及整个电子系统的仿真调测和实际电路调测,使所设计的电子系统满足实现实验任务 1 中要求的功能。

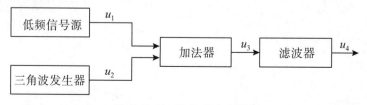

图 2.3.1　设计总体框图

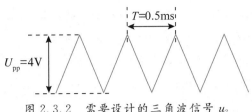

图 2.3.2　需要设计的三角波信号 u_2

2.3.3　单元电路设计参考

1.三角波发生器

（1）电路设计

电路原理图如图 2.3.3 所示。运放 A_1 组成同相迟滞电压比较器,设其上、下门限电压分别为 U_{TH+} 和 U_{TH-},运放 A_2 构成积分电路。u_{1O} 是低电平 U_{OL} 约为 0V、高电平 U_{OH} 约为 11V（运放在 12V 电源供电时的最大输出电压）的方波。u_{1O} 经过积分电路以后得到三角波 u_2。u_{1O} 和 u_2 的对应关系如图 2.3.4 所示。由于运放采用单电源供电,A_1 的反相输入端和 A_2 的同相输入端需加一偏置电压,该偏置电压设为 U_{REF},调节 U_{REF},可以调节三角波上升沿和下降沿的斜率,为了使三角波左右对称,U_{REF} 应设为 $(U_{OH}-U_{OL})/2≈5.5V$。

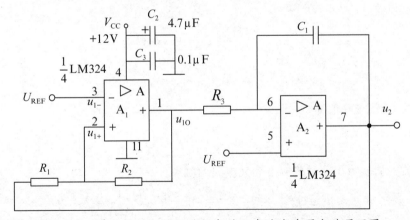

图 2.3.3　单电源供电的运放组成的三角波发生器电路原理图

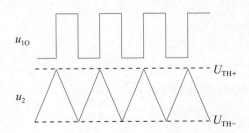

图 2.3.4　三角波发生器中的 u_{1O} 和输出 u_2 的对应关系

（2）参数计算

u_2 的峰-峰值为 U_{TH+} 和 U_{TH-} 的差值,U_{TH+} 和 U_{TH-} 分析计算如下。

当 u_{1O} 输出低电平 U_{OL}(约 0V)时,积分电路处于放电状态,电容 C_1 的放电电流 $i_1=(U_{REF}-U_{OL})/R_3$,方向从右至左,u_2 随时间增加,u_2 增加到使运放 A_1 的同相输入端电位 u_{1+} 等于反相输入端电位 U_{REF} 时的值即为 U_{TH+}。忽略运放 A_1 的输入电流,则计算 U_{TH+} 的等效电路如图 2.3.5 所示,从图 3.2.5 以及 $u_{1+}=u_{1-}$ 可得:

$$\frac{U_{TH+}-0V}{R_1+R_2}\times R_2=U_{REF}$$

$$U_{TH+}=\left(1+\frac{R_1}{R_2}\right)\times 5.5V \tag{2.3.1}$$

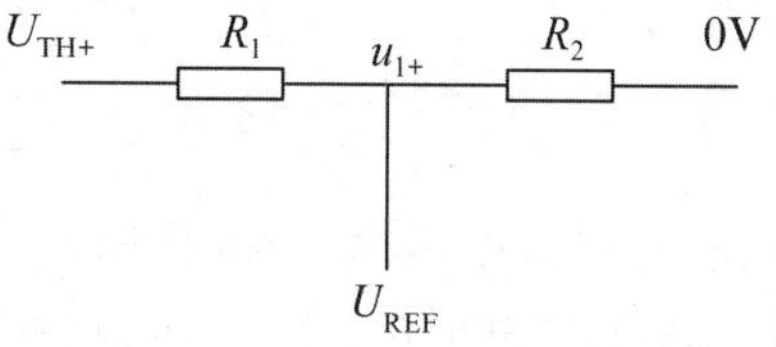

图 2.3.5　计算 U_{TH+} 的等效电路 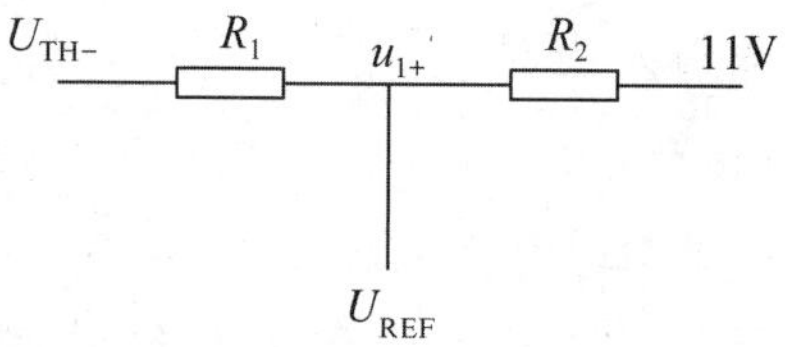　　　图 2.3.6　计算 U_{TH-} 的等效电路

当 u_{1O} 输出高电平 U_{OH}(约 11V)时,积分电路处于充电状态,电容 C_1 的充电电流 $i_2=(U_{OH}-U_{REF})/R_3$,方向从左至右,u_2 随时间减小,u_2 减小到使运放 A_1 的同相输入端电压 u_{1+} 等于反相输入端电位 U_{REF} 时的值即为 U_{TH-}。计算 U_{TH-} 的等效电路如图 2.3.6 所示,从图 2.3.6 以及 $u_{1+}=u_{1-}$ 可得

$$\frac{U_{TH-}-11V}{R_1+R_2}\times R_2+11V=U_{REF}$$

$$U_{TH-}=11V-\left(1+\frac{R_1}{R_2}\right)\times 5.5V \tag{2.3.2}$$

三角波 u_2 的峰峰值为

$$U_{2pp}=\frac{R_1}{R_2}\times 11V \tag{2.3.3}$$

三角波的周期为积分电路放电和充电时间之和:

$$T=T_1+T_2=\frac{C_1U_{2pp}}{i_1}+\frac{C_1U_{2pp}}{i_2}=\frac{R_3C_1U_{2pp}}{5.5}+\frac{R_3C_1U_{2pp}}{11-5.5}$$

$$=\frac{2R_3C_1}{5.5}\times\frac{R_1}{R_2}\times 11=\frac{4R_1R_3C_1}{R_2} \tag{2.3.4}$$

三角波的频率计算公式为

$$f_2=\frac{1}{T}=\frac{R_2}{4R_1R_3C_1} \tag{2.3.5}$$

根据任务要求,u_2 的峰峰值为 4V,由式(2.3.3)得到

$$\frac{R_1}{R_2}=\frac{4}{11} \tag{2.3.6}$$

根据任务要求,u_2 的频率要求 $f_2=2kHz$,取 $C_1=0.1\mu F$,根据式(2.3.5)和式(2.3.6)得

$$R_3=\frac{R_2}{4f_2R_1C_1} \tag{18.7}$$

所以 $R_3 = 3.4\text{k}\Omega$。取 $R_1 = 20\text{k}\Omega$，从式（2.3.6）得 $R_2 = 55\text{k}\Omega$，取标称值 $R_2 = 56\text{k}\Omega$。

　　考虑到元件参数误差，三角波的幅值和频率与设计值之间会有一定的误差，这时，可结合实验室配备的电阻和电位器情况，将 R_1 和 R_3 分别用固定电阻和电位器串联代替。例如，R_1 可用 $15\text{k}\Omega$ 固定电阻串联 $10\text{k}\Omega$ 电位器代替，R_3 可用 $1\text{k}\Omega$ 固定电阻串联 $5\text{k}\Omega$ 电位器代替。元器件参数调整后的三角波发生器电路如图 2.3.7 所示。

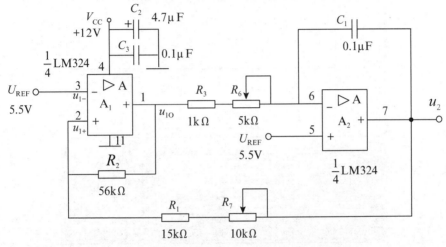

图 2.3.7　元件参数调整后的三角波发生器电路

（3）电路仿真

　　三角波发生器仿真接线如图 2.3.8 所示。U1A、U1B 分别是 324 集成电路 4 个运放中的两个，示滤器（图中的 XSC1）的 A 通道和 B 通道分别用于观察方波信号（U1A 运放的输出为 u_{1O}）和三角波信号（U1B 运放的输出为 u_2）。

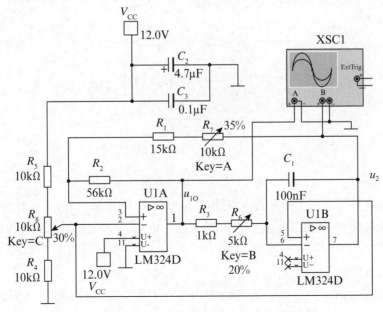

图 2.3.8　三角波发生器仿真接线

用示波器观察到的方波和三角波如图 2.3.9 所示,可见三角波垂直方向峰峰值占 2 格,而相应的 B 通道的垂直标度(Scale)为 2V/DIV,所以电压峰峰值为 4V;三角波的周期可借助二条读数指针测得。从示波器读数窗口可知,三角波的周期为 $500\mu s$,换算成频率为 2000Hz,符合设计要求。

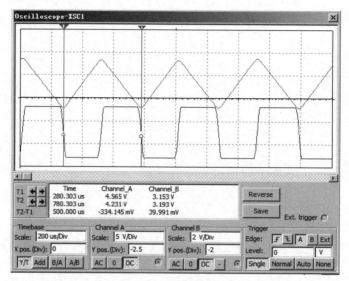

图 2.3.9　方波和三角波发生器仿真结果

2. 加法器

(1)电路设计和参数计算

加法器电路原理图如图 2.3.10 所示。根据设计要求,$u_3 = 5u_1 + u_2$,加法电路的电阻选取如下:$R_9 = 2k\Omega$,$R_{10} = 10k\Omega$,$R_{11} = 10k\Omega$。

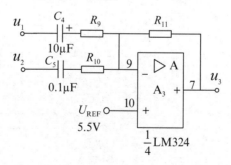

图 2.3.10　加法电路原理图

注意,电容 C_4、C_5 用于隔离直流信号,其中电容 C_4 为电解电容,连接时应注意电容的极性,如极性接反,电容的漏电流会使 u_3 输出趋于饱和。C_4 也可采用无极性的 $4.7\mu F$ 的钽电容。

(2)加法电路仿真实验

仿真接线图如图 2.3.11 所示。函数信号发生器产生 $0.2\sin1000\pi t(V)$ 的正弦波信号作为加法器的一个输入信号 u_1,加法器的另一个输入信号 u_2 就是三角波发生器的输出。

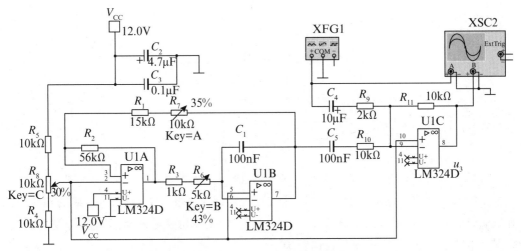

图 2.3.11　加法器仿真实验电路图

加法器输出结果如图 2.3.12 所示,上方的波形是加法器的输出电压 u_3,下方的波形是加法器输入的正弦波电压 u_1。

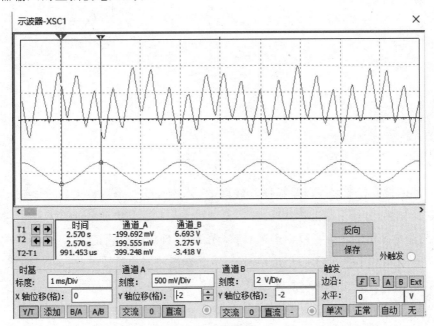

图 2.3.12　加法器输出电压波形和输入的正弦电压波形

3. 滤波器

(1)方案一:采用低通滤波器

①电路设计和参数计算

为了将 u_3 中的三角波信号滤除,采用二阶多反馈(multiple feedback,MFB)低通有源滤波器,截止频率 f_c 选 500Hz。为了使正弦信号的峰-峰值达到 8V,通带电压增益 A_0 选为 5,品质因数 Q 设为 0.707。二阶 MFB 低通滤波器的原理图如图 2.3.13 所示。

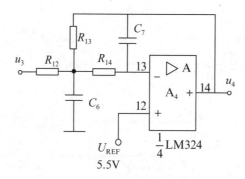

图 2.3.13　二阶低通滤波器原理图

二阶低通滤波器电路是由 R_{12}、C_6 组成的低通滤波电路以及 R_{14}、C_7 组成的积分电路所组成，这两级电路表现出低通特性。通过 R_{13} 的正反馈对滤波器品质因数 Q 进行控制。根据对电路的交流分析，求得传递函数为

$$H_{LP}(s)=\frac{-1/(R_{12}R_{14}C_6C_7)}{s^2+\dfrac{s}{C_6}\left(\dfrac{1}{R_{12}}+\dfrac{1}{R_{13}}+\dfrac{1}{R_{14}}\right)+\dfrac{1}{R_{14}R_{13}C_6C_7}} \tag{2.3.8}$$

将式(2.3.8)与二阶低通滤波器一般传递函数 $H(s)=\dfrac{H_0\omega_C^2}{s^2+\dfrac{\omega_C}{Q}s+\omega_C^2}$ 比较得

$$\omega_C=\frac{1}{\sqrt{R_{13}R_{14}C_6C_7}} \tag{2.3.9}$$

$$H_0=-\frac{R_{13}}{R_{12}} \tag{2.3.10}$$

$$Q=\frac{\sqrt{C_6/C_7}}{\sqrt{R_{13}R_{14}/R_{12}^2}+\sqrt{R_{14}/R_{13}}+\sqrt{R_{13}/R_{14}}} \tag{2.3.11}$$

滤波器的设计任务之一就是根据滤波器的 ω_C、H_0、Q 三个参数来确定电路中各元器件的参数。显然，直接采用上述式(2.3.9)至式(2.3.11)3 个式子来计算 C_6、C_7、R_{12}、R_{13}、R_{14} 的值是非常困难的。为了简化运算步骤，先给 C_7 确定一个合适的值，然后令 $C_6=nC_7$（n 为电容扩展比），并用 A_0（即 H_0 的绝对值）来表示滤波器的通带增益。可以由式(2.3.9)至式(2.3.11)推得各电阻值的计算公式。

由式(2.3.10)得

$$R_{13}=R_{12}A_0 \tag{2.3.12}$$

由式(2.3.9)得

$$R_{14}=\frac{1}{\omega_C^2R_{13}C_6C_7} \tag{2.3.13}$$

将式(2.3.12)和式(2.3.13)代入式(2.3.11)得

$$R_{12}=\frac{1+\sqrt{1-4Q^2(1+A_0)/n}}{2\omega_CQC_7A_0} \tag{2.3.14}$$

式(2.3.14)必须满足 $n\geqslant4Q^2(1+A_0)$，不妨取 $n=4Q^2(1+A_0)$，式(2.3.14)就可简

化为

$$R_{12} = \frac{1}{2\omega_{C} Q C_7 A_0} \tag{2.3.15}$$

令基准电阻 $R_0 = \frac{1}{\omega_{C} C_7}$，滤波器中各项参数的计算公式可进一步简化为

$$C_6 = 4Q^2(1+A_0)C_7, R_{12} = R_0/(2QA_0), R_{13} = A_0 R_{12}, R_3 = R_0/[2Q(1+A_0)] \tag{2.3.16}$$

根据式(2.3.16)，只要确定 C_7 的值，其余的参数即可随之确定。

对于本实验的任务要求，各参数可选择如下：

选 $C_7 = 0.01\mu F$，则有

$$R_0 = \frac{1}{2\pi f_C C_7} = \frac{1}{2\pi \times 500 \times 0.01 \times 10^{-6}} = 31.8(\text{k}\Omega)$$

$$C_6 = 4Q^2(1+A_0)C_7 = 4 \times 0.707^2 \times 6 \times 0.01 = 0.12(\mu F)(\text{取标称值}\ 0.1\mu F)$$

$$R_{12} = \frac{R_0}{2QA_0} = \frac{31.8}{2 \times 0.707 \times 5} = 4.5(\text{k}\Omega)(\text{取标称值}\ 4.3\text{k}\Omega)$$

$$R_{13} = A_0 R_{12} = 22.5(\text{k}\Omega)(\text{取标称值}\ 22\text{k}\Omega)$$

$$R_{14} = \frac{R_0}{2Q(1+A_0)} = \frac{31.8}{2 \times 0.707 \times 6} = 3.7(\text{k}\Omega)(\text{取标称值}\ 3.6\text{k}\Omega)$$

二阶低通滤波器的通带增益和过渡带增益符合表 2.3.1 所示的关系，可见，频率为 2kHz 的信号(本实验中即为三角波信号的基波)经过低通滤波器后，其峰峰值将下降为原来的 0.315(0.063×5)，频率为 5kHz 以上的信号(本实验中即为三角波信号的 3 次谐波)经过低通滤波器后，其峰峰值将下降为原来的 0.02(0.004×5)，已被较好地滤除，而频率 500Hz、幅值 1V 的正弦信号经过低通滤波器后，峰峰值将是原来的 0.707×5＝3.535倍，即 7.1V。本设计方案中，低通滤波器的输出将是在 500Hz 的正弦信号上选加相对较小的一个 2kHz 的正弦信号，总输出信号是有些失真的正弦波，峰峰值将比7.1V高，接近8V。若要进一步提高 2kHz 正弦信号的滤除效果，可以考虑采用别的滤波器方案，例如更高阶的低通滤波器。

表 2.3.1 二阶低通滤波器的通带增益和过渡带增益之间的关系

$f_C = 500\text{Hz}$	1kHz	2kHz	4kHz	5kHz
$20\log\left\|\dfrac{A_u}{A_0}\right\| = -40\log\dfrac{f}{f_C}$	-12dB	-24dB	-36dB	-40dB
A_u	$0.25A_0$	$0.063A_0$	$0.016A_0$	$0.004A_0$

②电路仿真

低通滤波器仿真电路图如图 2.3.14 所示。示波器用于观察输入和输出波形，波特图示仪用于测量滤波器的频率响应。

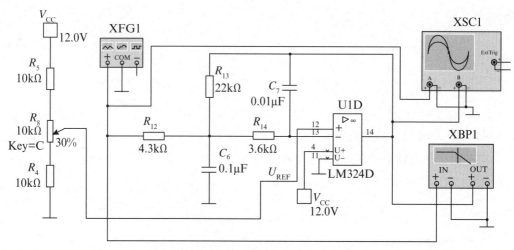

图 2.3.14 二阶低通滤波器仿真电路图

由于单电源供电,运放的同相输入端加 U_{REF}(约 5.5V)的直流偏置。为了防止输出饱和,仿真时,在输入正弦信号中也应加 U_{REF} 的直流偏置,即图 2.3.14 中左侧函数信号发生器 XFG1 中的 Offset 值设为 5.5V。二阶低通滤波器幅频特性如图 2.3.15 所示,从图 2.3.15(a)可见,滤波器通带电压增益约为 14.059dB(5.046 倍);从图 2.3.15(b)可见,滤波器截止频率约为 512.963Hz,基本符合设计要求。

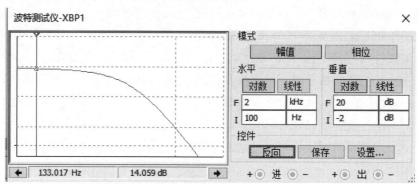

(a)测量通带增益

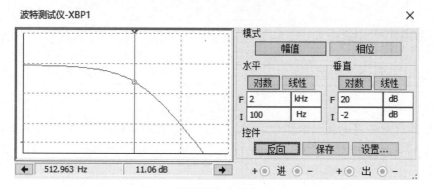

(b)测量截止频率

图 2.3.15 低通滤波器幅频特性

（2）方案二：采用带通滤波器

①电路设计和参数计算

为了得到 $500\,\text{Hz}$ 的正弦波，也可设计成二阶带通滤波器。如图 2.3.16 所示是一种二阶 MFB 带通滤波器。其传递函数为

$$H_{BP}(s) = \frac{-R_{13}R_{14}C_7 s}{R_{12}R_{13}R_{14}C_6C_7 s^2 + R_{12}R_{13}(C_6+C_7)s + R_{12}+R_{13}}$$

$$= \frac{-\dfrac{1}{R_{12}C_6}s}{s^2 + \dfrac{C_6+C_7}{R_{14}C_6C_7}s + \dfrac{R_{12}+R_{13}}{R_{12}R_{13}R_{14}C_6C_7}}$$

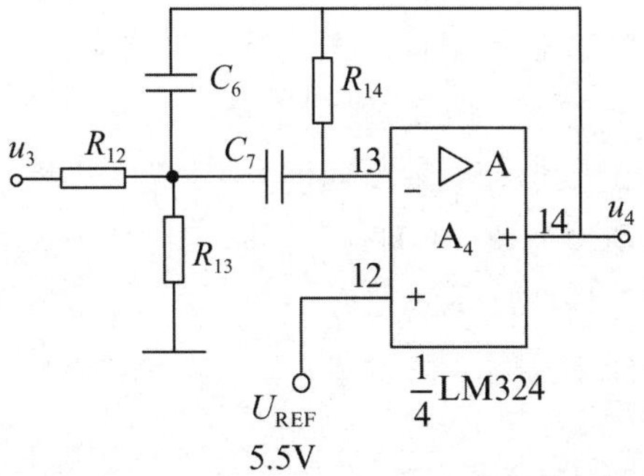

图 2.3.16　二阶 MFB 带通滤波器

将上式与二阶带通滤波器一般传递函数 $H(s) = \dfrac{H_0\omega_0\dfrac{s}{Q}}{s^2 + \dfrac{\omega_0}{Q}s + \omega_0^2}$ 比较，并令 $C_6 = C_7 = C_0$，

可得

$$\omega_0 = \frac{1}{C_0}\sqrt{\frac{R_{12}+R_{13}}{R_{12}R_{13}R_{14}}} \tag{2.3.17}$$

$$Q = \frac{R_{14}}{2}\sqrt{\frac{R_{12}+R_{13}}{R_{12}R_{13}R_{14}}} \tag{2.3.18}$$

$$H_0 = -\frac{R_{14}}{2R_{12}} \tag{2.3.19}$$

令 $A_0 = |H_0|$，根据式（2.3.17）至式（2.3.19），得到二阶带通滤波电路各元器件参数的计算公式：

$$C_6 = C_7 = C_0 \tag{2.3.20}$$

$$R_{12} = \frac{Q}{A_0\omega_0 C_0} \tag{2.3.21}$$

$$R_{13} = \frac{R_{12}}{2Q^2/A_0 - 1} \tag{2.3.22}$$

$$R_{14} = \frac{2Q}{\omega_0 C_0} \tag{2.3.23}$$

本实验滤波器技术指标要求为：中心频率 $f_C = 500\,\text{Hz}$，品质因数 $Q = 10$，通带电压增

益 $A_0 = 5$。所以,带通滤波器电路参数可计算如下,选 $C_6 = C_7 = C_0 = 0.1\mu F$,则

$$R_{12} = \frac{Q}{A_0 \omega C_0} = \frac{10}{5 \times 2\pi \times 500 \times 0.1 \times 10^{-6}} = 6.4(\text{k}\Omega)(\text{取标称值 } 6.2\text{k}\Omega)$$

$$R_{13} = \frac{R_{12}}{2Q^2/A_0 - 1} = \frac{6.4 \times 10^3}{200/5 - 1} = 164(\Omega)(\text{取标称值 } 160\Omega)$$

$$R_{14} = \frac{2Q}{\omega_0 C_0} = \frac{20}{2\pi \times 500 \times 0.1 \times 10^{-6}} = 63.7(\text{k}\Omega)(\text{取标称值 } 62\text{k}\Omega)$$

②电路仿真

如图 2.3.16 所示的二阶带通滤波器的 Multisim 仿真电路及其幅频特性分别如图 2.3.17 和图 2.3.18 所示,测得中心频率为 512.963Hz,通带增益约为 13.875dB(4.94 倍),可见仿真结果与设计要求非常相符。但实际元器件电路调试中,该滤波器的中心频率和增益与设计值间的差值较大。例如,实测得到的 f_0 为 400Hz,原因是图 2.3.17 中的 C_6、C_7 实测值为 $0.12\mu F$,相比其标称值 $0.1\mu F$ 偏大,所以实际电路实现时,可换成小一点的电容,则 f_0 可以调到预期设计值 500Hz。另外,用一个电位器(如 5kΩ)代替 R_{12},可以将中心频率处的增益调到 5 倍(或 14.0dB)。

以上各单元电路的设计不是唯一的方案,也可以采用别的方案。

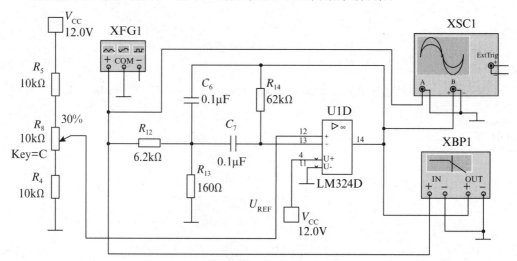

图 2.3.17 二阶带通滤波器仿真电路

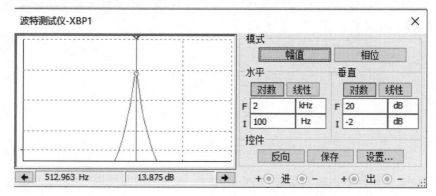

图 2.3.18 二阶带通滤波器幅频特性

2.3.4　预习要求

(1)掌握迟滞电压比较器的工作原理。

(2)查阅 LM324 集成运放的使用手册,了解其主要参数。

(3)完成三角波发生器、加法器、滤波器等单元电路的设计,并按图 2.3.1 组成电子系统。

2.3.5　实验设备与元器件

1.实验设备

实验中用到的设备如表 2.3.2 所示。

表 2.3.2　实验设备

序号	名称	型号规格	数量
1	双踪示波器		1
2	万用表		1
3	函数信号发生器		1
4	交流毫伏表		1
5	安装有 Multisim 软件的计算机		1

2.元器件清单

(1)电容

电容清单如表 2.3.3 所示。

表 2.3.3　电容清单

编号	电容值/μF	数量
C_1,C_3,C_5,C_6	0.1	4
C_2	4.7	1
C_4	10	1
C_7	0.01	1

(2)电阻

电阻清单如表 2.3.4 所示。

表 2.3.4　电阻清单

编号	阻值/kΩ	数量
R_1	15	1
R_2	56	1

续表

编号	阻值/kΩ	数量
R_3	1	2
R_9	2	1
R_4,R_5,R_{10},R_{11}	10	4
R_{12}	4.3	1
R_{13}	22	1
R_{14}	3.6	1

（3）电位器

电位器清单如表 2.3.5 所示。

表 2.3.5　电位器清单

编号	阻值/kΩ	数量
R_6	5	1
R_7,R_8	10	2

（4）集成芯片

集成芯片型号 LM324，数量为 1 个。

2.3.6　实验内容

根据如前所述单元电路设计方案，系统的完整电路如图 2.3.19 所示。

1. 仿真调测

（1）三角波发生器调测

按照图 2.3.19 中的三角波发生器单元电路（与图 2.3.8 相同），在 Multisim 电子电路仿真平台上搭建电路，用虚拟示波器观察电路产生的三角波 u_2，测量三角波的峰峰值 $U_{2PP}=$ _____ V、频率 $f_2=$ _____ Hz，并记录三角波波形（可以拍照）。调节电路中各元器件的参数（主要是通过调节三个电位器 R_6、R_7、R_8），使得三角波的技术指标符合设计要求。调测好后，保存电路文件（仿真电路文件 1）。

（2）加法器调测

在前述调测好的三角波发生器仿真电路基础上加上如图 2.3.19 中所示的加法器单元电路，虚拟函数信号发生器产生 $0.2\sin1000\pi t$(V) 的正弦波信号作为加法器的 2 个输入信号之一 u_1，加法器的另一个输入信号 u_2 就是三角波发生器的输出。用虚拟示波器观察并记录加法器电路的输出波形（可以拍照）。

测量如下 2 种情况下的加法器的输入和输出电压峰峰值：

①加法器只输入三角波电压 u_2 时（此时需断开正弦波输入信号，也即断开图 2.3.19 所示电路图中的 b、b′间的连线，并使 b′端接电路的"地"端），测量输入电压 u_2 的峰峰值

$U_{2PP} =$ _____ V，输出电压 u_3 的峰峰值 $U_{3PP}'' =$ _____ V。根据设计要求，U_{3PP}'' 应是 U_{2PP} 的 1 倍。

②加法器只输入正弦波电压 u_1 时（此时需断开三角波输入信号，也即断开图 2.3.19 所示电路图中的 a、a′间的连线，并使 a′端接电路的"地"端；而 b′端的接地线需拆除，再连接 b、b′），测量输入电压 u_1 的峰峰值 $U_{1pp} =$ _____ V，输出电压 u_3 的峰峰值 $U_{3pp}' =$ _____ V。根据设计要求，U_{3pp}' 应是 U_{1pp} 的 5 倍。

保存电路文件（另存为仿真电路文件2）。

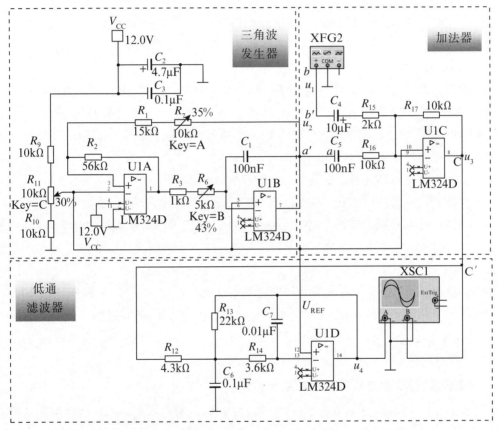

图 2.3.19 系统的完整电路图

（3）滤波器调测（滤波器幅频响应的测试）

在 Multisim 仿真平台新建一个电路文件，根据图 2.3.14 搭建电路。用虚拟示波器观察输入和输出波形，用虚拟波特图示仪测量滤波器的幅频响应，并记录之（可以拍照）。

调整滤波器电路中的相关参数，使得滤波器的技术指标符合设计要求。保存滤波器电路文件（仿真电路文件3）。

（4）系统整体调测

打开仿真电路文件1，将调测成功的仿真电路文件2中的滤波器单元电路复制过来，完成如图 2.3.19 所示的电路连线。加法器的输入端接入三角波信号 u_2 和正弦波信号 u_1，设置正弦波信号 u_1 的频率为 500Hz，u_1 的峰峰值仍保持 0.4V 不变。用虚拟双踪或

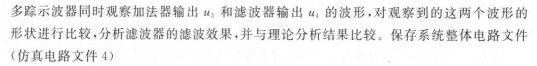

多踪示波器同时观察加法器输出 u_3 和滤波器输出 u_4 的波形,对观察到的这两个波形的形状进行比较,分析滤波器的滤波效果,并与理论分析结果比较。保存系统整体电路文件(仿真电路文件4)

2. 实际电路调测

(1)三角波发生器调测

按照图 2.3.19 中的三角波发生器单元电路(与图 2.3.8 相同),用实际元器件搭建电路,用实际示波器观察电路产生的三角波 u_2,测量三角波的峰峰值 $U_{2pp}=$ ＿＿＿＿ V、频率 $f_2=$ ＿＿＿＿ Hz,并记录三角波波形(可以拍照)。调节电路元器件的参数(主要是通过调节三个电位器 R_6、R_7、R_8),使得三角波的技术指标符合设计要求。

(2)加法器调测

在前述调测好的三角波发生器电路基础上加上如图 2.3.19 中所示的加法器单元电路,三角波发生器的输出 u_2 作为加法器的输入信号之一,用函数信号发生器产生 $0.2\sin 1000\pi t$(V)的正弦波电压信号作为加法器的另一个输入信号 u_i。用示波器观察并记录加法器电路的输出波形(可以拍照)。

测量如下两种情况时的加法器的输入和输出电压峰峰值:

①加法器只输入三角波电压 u_2 时(此时需断开正弦波输入信号,也即断开图 2.3.19 所示电路图中的 b、b′间的连线,并使 b′端接电路的"地"端),测量输入电压 u_2 的峰峰值 $U_{2pp}=$ ＿＿＿＿ V,输出电压的峰峰值 $U_{3pp}''=$ ＿＿＿＿ V。根据设计要求,U_{3pp}'' 应是 U_{2pp} 的 1 倍。

②加法器只输入正弦波电压 u_1 时(此时需断开三角波输入信号,也即断开图 2.3.19 所示电路图中的 a、a′间的连线,并使 a′端接电路的"地"端;而 b′端的接地线需拆除,再连接 b、b′),测量输入电压 u_1 的峰峰值 $U_{1pp}=$ ＿＿＿＿ V,输出电压 u_3 的峰峰值 $U_{3pp}'=$ ＿＿＿＿ V。根据设计要求,U_{3pp}' 应是 U_{1pp} 的 5 倍。

3. 滤波器调测(滤波器幅频特性的测试)

按照图 2.3.19 用实际元器件连线,实际上只需在前面已调测好的加法器电路基础上加上滤波器单元即可。

让图 2.3.19 中的加法器只输入正弦信号 u_1(做法是:断开图 2.3.19 所示电路图中的 a、a′间的连线,并使 a′端连接电路的"地"端;连接 b、b′间的连线),则加法器输出电压 u_3 为含有 U_{REF} 直流偏置的正弦波信号,该信号作为滤波器的输入。将函数信号发生器产生的正弦波信号 u_1 的频率从 100 Hz 逐步增大(u_1 峰峰值保持 0.4 V 不变),用示波器观察滤波器输入信号 u_3 和输出信号 u_4,在 u_3 和 u_4 均为不失真的正弦波的情况下,测量滤波器输出信号 u_4 的峰峰值 U_{4pp}(此时,示波器输入耦合方式宜置为"交流(AC)")和滤波器输入信号 u_3 的峰峰值 U_{3pp},一并记入表 2.3.6。并画出滤波器的幅频响应,记录滤波器的截止频率 $f_c=$ ＿＿＿＿ Hz,检验其是否符合设计要求。必要时,需调整滤波器电路中的相关参数,使得滤波器的技术指标符合设计要求。

表 2.3.6　低通滤波器实际幅频响应测量数据($U_{3pp}=$ _____ V)

f/kHz	0.1	0.2	0.3	0.4	0.5	0.6	0.7	0.8	0.9
U_{4pp}/V									
f/kHz	1.0	1.2	1.4	1.6	1.8	2.0	2.2	2.4	2.6
U_{4pp}/V									

4. 系统整体调测

加法器的输入端接入三角波信号 u_2(做法是:连接图 2.3.19 中的 a、a$'$两点,并拆除 a$'$端的接地线)和正弦波信号 u_1(做法是:连接图 2.3.19 中的 b、b$'$两点),设置正弦波信号 u_1 的频率为 500 Hz,u_1 峰峰值仍保持 0.4 V 不变。用双踪示波器同时观察加法器输出 u_3 和滤波器输出 u_4 的波形,对观察到的这两个波形的形状进行比较,分析滤波器的滤波效果,也可借助示波器的快速傅里叶变换(FFT)分析功能对滤波器的输出波形 u_4 进行频谱分析。并与理论分析和仿真结果进行比较。

如果所设计的方案有别,则上述电路调测内容和步骤可作相应变动,但最后测试的结果要能反映出系统是否已满足了设计任务要求。

2.3.7　实验报告撰写要求

(1)摘要。

(2)任务要求。

(3)各单元电路设计和系统总电路原理描述。

(4)实验步骤、数据、图表等记录及分析。

(5)实验所用的设备型号规格和主要电子元器件列表。

(6)实验中出现的问题、解决办法、意见和建议等。

(7)总结实验注意事项。

(8)参考文献。

2.3.8　思考题

(1)针对三角波发生器电路,通过微调什么元器件参数可以校准峰峰值和频率?

(2)加法器电路不加电容 C_4 和 C_5 能正常工作吗?

(3)对单电源运放来说,如何确定偏置电压?

(4)滤波器如何尽可能地滤除三角波信号?

2.3.9　注意事项

(1)电路中各集成芯片引脚正确连接。

(2)运放的正电源引脚端和接地端不能接反。

(3)电解电容器(极性电容器)的正负极不能接反。

(4)注意用电安全,搭接和改接实验线路前,应该断开实验电路的供电电源开关。

音响放大器的设计和调测

2.4.1　实验目的

(1)了解音响放大器的组成。

(2)掌握音响放大器的设计和调测方法。

(3)综合运用所学知识分析和解决实际问题。

2.4.2　任务要求

设计和实现一个音响放大器,要求具有音调输出控制、卡拉 OK 伴唱,能对话筒与放音机的输出信号进行扩音。已知话筒的输出电压有效值为 5mV,放音机的输出电压有效值为 100mV,电路要求达到的主要技术指标如下:

(1)额定功率 $P_0=0.5$W(也可以设定成其他值)。

(2)负载阻抗 $R_L=20\Omega$。

(3)频率响应 $f_L \sim f_H = 40$Hz~ 10kHz。

(4)音调控制特性:对于音调控制级,在输入信号的工作频率为 1kHz 时增益为 0dB;输入信号工作频率在 100Hz 和 10kHz 处增益有 ±12dB 的调节范围;高频段和低频段的电压增益 $A_{uL}=A_{uH}\geqslant +20$dB。

(5)输入灵敏度 $U_s < 20$mV。

(6)电源电压为直流 ±15V。

2.4.3　音响放大器的基本组成和总体设计

音响放大器的基本组成如图 2.4.1 所示。从图中可以看到,音响放大器主要由语音放大器、混合前置放大器、音调控制器和功率放大器等电路组成。设计时,首先确定整机电路的级数,再根据各级的功能及技术指标要求分配各级的电压增益,然后分别计算各级电路参数,通常从功放级开始向前逐级计算。本题需要设计的电路为语音放大器、混合前置放大器、音调控制器和功率放大器。根据题意要求,语音放大器的输入信号为 $U_i = 5\mathrm{mV}$(有效值)时,输出功率的最大值为 0.5 W(以下方案按该输出功率设计,如果要求其他输出功率,则设计方案需要调整),因此音响放大器的总电压增益:

$$A_u = \frac{\sqrt{P_0 R_L}}{U_i} = \frac{\sqrt{0.5 \times 20}}{0.005} \approx 632$$

由于实际电路中会有损耗,故取 $A_u = 700$。功率放大器增益 A_{u4} 由集成功放决定,取 $A_{u4} = 200$。音调控制器在中频段的 $f_0 = 1\mathrm{kHz}$ 时,增益 A_{u3} 应为 1,但实际电路有可能产生衰减,取 $A_{u3} = 0.7$。混合前置放大器一般采用运算放大器,主要是将语音信号与音乐信号进行混合,放大倍数可取 $A_{u2} = 1$。语音放大级主要对话筒的输出信号进行放大,由于会受到增益带宽积的限制,增益不宜太大,取 $A_{u1} = 5$。各级的增益分配如图 2.4.2 所示,上述分配方案还可以在实验中适当变动。

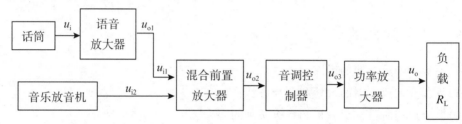

图 2.4.1　音响放大器的组成框图

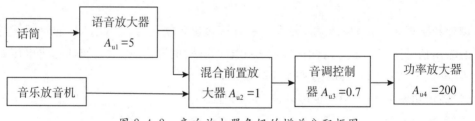

图 2.4.2　音响放大器各级的增益分配框图

2.4.4　音响放大器各组成部分的设计

1. 语音放大器

由于话筒的输出信号一般只有 5mV 左右,而输出阻抗达到 20kΩ(亦有低输出阻抗的话筒,如 20Ω、200Ω 等),所以要求语音放大器的输入阻抗应远大于话筒的输出阻抗,而且能不失真地放大声音信号,频率响应也应满足整个放大器的要求。因此,语音放大器可采用集成运放组成的同相放大器构成。同相放大器的输入阻抗高,完全能够满足语音放大器的阻抗要求,具体电路如图 2.4.3 所示。图中放大器的增益 $A_{u1} = 1 + \dfrac{R_f}{R_1}$。

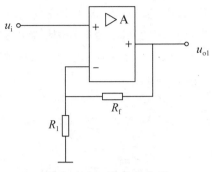

图 2.4.3　语音放大器

由于要求语音放大器的放大倍数为 5,所以选择 $R_1=10\text{k}\Omega$,R_f 采用阻值为 $100\text{k}\Omega$ 的电位器,使放大倍数可以根据需要进行调整。

2. 混合前置放大器

混合前置放大器的主要作用是将音乐放音机输出的音乐信号与语音放大器的输出声音信号进行混合放大,可采用反相加法器实现,具体电路如图 2.4.4 所示。从图中可以看出,输出电压与输入电压之间的关系为:

$$u_{o2}=-\left(\frac{R_{f1}}{R_1}u_{i1}+\frac{R_{f1}}{R_2}u_{i2}\right) \tag{2.4.1}$$

式中:u_{i1} 为话筒放大器的输出信号(也即 u_{o1});u_{i2} 为音乐放音机的输出信号。另外,图中的 R' 是平衡电阻,大小为 $R'=R_2//R_3//R_{f1}$。

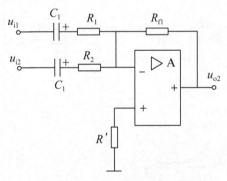

图 2.4.4　混合前置放大电路

由图 2.4.2 所示的增益分配情况可知,混合前置级的放大倍数为 1,但由于 $u_{i1}=A_{u1}\times u_i=5\times5=25\text{mV}$,而 $u_{i2}=100\text{mV}$,要使话筒与录音机输出经混响级后的输出基本相等,则要求 $\frac{R_{f1}}{R_1}=4$,$\frac{R_{f1}}{R_2}=1$,所以可以选择 $R_{f1}=39\text{k}\Omega$,$R_1=10\text{k}\Omega$,$R_2=39\text{k}\Omega$。耦合电容 C_1、C_2 采用 $10\mu\text{F}$ 的极性电容。

3. 音调控制电路

常用的音调控制电路有以下三种:

(1)衰减式 RC 音调控制电路,其调节范围较宽,但容易产生失真;

(2)反馈型电路,其调节范围小一些,但失真小;

（3）混合式音调控制电路，其电路较复杂，多用于高级收录机中。

为了使电路简单、信号失真小，现采用反馈型音调控制电路。

反馈型音调控制电路的原理如图 2.4.5 所示。图中，Z_1 和 Z_f 是由 RC 组成的网络。因为集成运放 A 的开环增益很大，所以

$$A_{uf3} = \frac{\dot{U}_{o3}}{\dot{U}_{i3}} \approx -\frac{Z_f}{Z_1} \qquad (2.4.2)$$

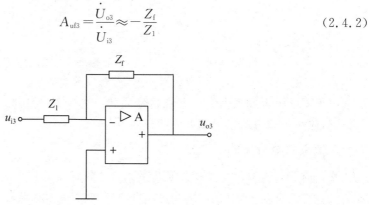

图2.4.5　反馈型音调控制电路的原理

当信号频率 f 不同时，Z_1 和 Z_f 的阻抗值也不同，所以 A_{uf3} 随着频率的改变而变化。假设 Z_1 和 Z_f 包含的 RC 元件不同，可以组成四种不同形式的电路，如图 2.4.6 所示。

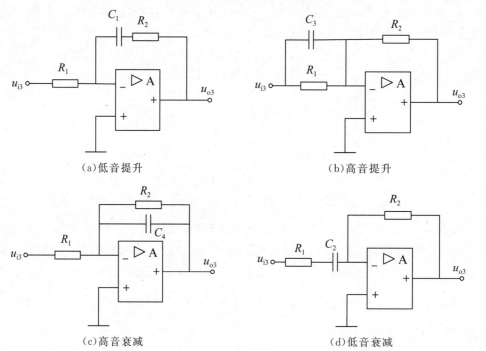

（a）低音提升　　　　　　　　　　　　（b）高音提升

（c）高音衰减　　　　　　　　　　　　（d）低音衰减

图 2.4.6　负反馈型音调控制电路的四种形式

在图 2.4.6(a) 中，C_1 取值较大，只在频率低的时候起作用。当信号工作频率处于低频区，且信号频率 f 逐步减小时，$|Z_f| = \left| R_2 + \dfrac{1}{\mathrm{j}\omega C_1} \right|$ 将逐步增加，$|A_{uf3}| = \dfrac{|Z_f|}{R_1}$ 也将逐步

增加,因此可以得到低音提升。

在图 2.4.6(b)中,C_3 取值较小,只在高频时起作用。当信号工作频率处于高频区,且 f 逐步增加时,$|Z_1| = \left| R_1 // \dfrac{1}{\mathrm{j}\omega C_3} \right|$ 将逐步减少,$|\dot{A}_{\mu f3}| = \dfrac{R_2}{|Z_1|}$ 也将逐步增加,因此可以得到高音提升。

同理,图 2.4.6(c)、(d)分别可得到高、低音衰减。

如果将图 2.4.6 所示的四种电路形式组合在一起,即可得到反馈型音调控制电路,如图 2.4.7 所示。图中,C_i 和 C_o 分别为输入、输出耦合电容,C_1 和 C_2 为低音控制电容,C_3 为高音控制电容,且要求 $C_1 = C_2 \gg C_3$。因此,在中、低音频区,C_3 可视为开路;在中、高音频区,C_1、C_2 可视为短路。

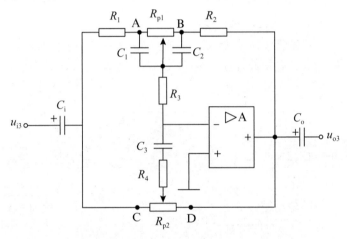

图 2.4.7　反馈型音调控制电路

下面按中音频区、低音频区和高音频区三种情况分别对图 2.4.7 所示的音频控制电路进行分析。为了简化计算,在下述分析中假设:

$$R_1 = R_2 = R_3 = R, \quad R_{p1} = R_{p2} = 9R \tag{2.4.3}$$

①中音频区

在中音频区,C_1、C_2 可近似为短路,C_3 可近似为开路,所以 R_{p1} 的阻值可视为 0,等效电路如图 2.4.8 所示。根据集成运算放大器输入端满足"虚短"和"虚断"的条件可得此时电路的电压增益为

$$A_{\mathrm{uM3}} = -\frac{R_2}{R_1} = -1 \tag{2.4.4}$$

式(2.4.4)表明,中音频区的电压增益为 1(0dB),不放大也不衰减,满足幅频特性在中频段的要求。

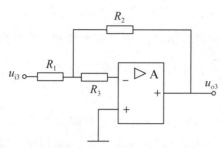

图 2.4.8　中频区时音调控制电路的等效电路

②低音频区

在低音频区,因为 C_3 很小,C_3、R_4 支路可视为开路,反馈网络主要由上半部分起作用。因为集成运算放大器的开环电压增益很高,放大器输入阻抗很大,输入端满足"虚短"和"虚断"的条件,所以 R_3 的影响可以忽略。

当电位器 R_{p1} 的滑动端移到 A 点时,C_1 被短路,其等效电路如图 2.4.9(a)所示。它和图 2.4.6(a)很相似,对应于低音提升最大的情况。其增益函数的表达式为

$$A_{uL3} = -\frac{R_2 + \left(R_{p1} // \dfrac{1}{j\omega C_2}\right)}{R_1} = -\frac{R_2 + R_{p1}}{R_1}\frac{1+j\omega\dfrac{R_2 R_{p1} C_2}{R_2 + R_{p1}}}{1+j\omega R_{p1} C_2} \tag{2.4.5}$$

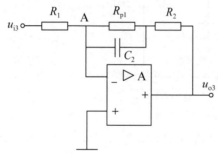

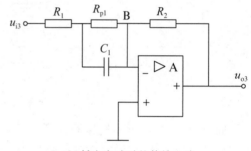

（a）低音提升时的等效电路　　　　　　　　　　（b）低音衰减时的等效电路

图 2.4.9　低音提升和衰减时的等效电路

令

$$\omega_{L1} = 2\pi f_{L1} = \frac{1}{R_{p1} C_2} \tag{2.4.6}$$

$$\omega_{L2} = 2\pi f_{L2} = \frac{R_2 + R_{p1}}{R_2 R_{p1} C_2} \tag{2.4.7}$$

则

$$A_{uL3} = -\frac{R_2 + R_{p1}}{R_1}\frac{1+j\dfrac{\omega}{\omega_{L2}}}{1+j\dfrac{\omega}{\omega_{L1}}} \tag{2.4.8}$$

$$|A_{uL3}| = \frac{R_2 + R_{p1}}{R_1}\sqrt{\frac{1+\left(\dfrac{\omega}{\omega_{L2}}\right)^2}{1+\left(\dfrac{\omega}{\omega_{L1}}\right)^2}} \tag{2.4.9}$$

根据前述的假设条件式(2.4.3),以及式(2.4.6)和式(2.4.7)可知,$\dfrac{R_2+R_{p1}}{R_1}=10$,

$\omega_{L2}=10\omega_{L1}$,所以,当 $\omega\gg\omega_{L2}$ 时,即信号接近中频时,有

$$|A_{uL3}|\approx\frac{R_2+R_{p1}}{R_1}\cdot\frac{\omega_{L1}}{\omega_{L2}}=1,(20\lg|A_{uL3}|=0\text{dB}) \tag{2.4.10}$$

当 $\omega=\omega_{L2}$ 时,

$$|A_{uL3}|\approx\frac{R_2+R_{p1}}{R_1}\sqrt{\frac{1+1^2}{1+10^2}}=\sqrt{2},(20\lg|A_{uL3}|=3\text{dB}) \tag{2.4.11}$$

当 $\omega=\omega_{L1}$ 时,

$$|A_{uL3}|\approx\frac{R_2+R_{p1}}{R_1}\sqrt{\frac{1+\left(\frac{1}{10}\right)^2}{1+1^2}}\approx7.07,(20\lg|A_{uL3}|=17\text{dB}) \tag{2.4.12}$$

当 $\omega\ll\omega_{L1}$ 时,

$$|A_{uL3}|\approx\frac{R_2+R_{p1}}{R_1}\sqrt{\frac{1}{1}}=10,(20\lg|A_{uL3}|=20\text{dB}) \tag{2.4.13}$$

综上所述,可以近似画出图 2.4.10(a)所示的低音提升幅频响应曲线,从图中可以看到,低音的最大提升量为 20dB。

同理分析可知,当电位器 R_{p1} 的滑动端移到 B 点时,C_2 被短路,其等效电路如图 2.4.9(b)所示,对应低音衰减最大的情况,其衰减曲线如图 2.4.10(b)所示。图中,最大衰减量为 -20 dB,两个转折点的频率分别为

$$\omega'_{L1}=2\pi f_{L1}'=\frac{1}{R_{p1}C_1} \tag{2.4.14}$$

$$\omega'_{L2}=2\pi f'_{L2}=\frac{R_1+R_{p1}}{R_1R_{p1}C_1} \tag{2.4.15}$$

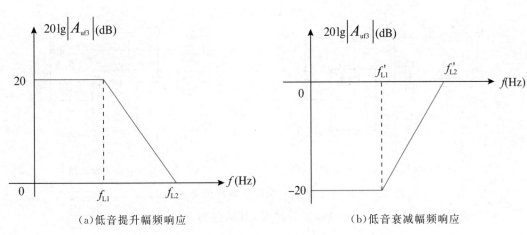

(a)低音提升幅频响应　　　　　　　　(b)低音衰减幅频响应

图 2.4.10　低音提升和衰减时的幅频响应图

③高音频区

在高音频区,C_1 和 C_2 对高频可视为短路,等效电路如图 2.4.11(a)所示。为了方便

分析,将电路中 Y 型接法的 R_1、R_2 和 R_3 变换成 △ 型接法的 R_a、R_b 和 R_c,如图 2.4.11(b)所示。

其中,有

$$
\begin{cases}
R_a = R_1 + R_3 + \dfrac{R_1 R_3}{R_2} = 3R \\[2mm]
R_b = R_2 + R_3 + \dfrac{R_2 R_3}{R_1} = 3R \\[2mm]
R_c = R_1 + R_2 + \dfrac{R_1 R_2}{R_3} = 3R
\end{cases}
\tag{2.4.16}
$$

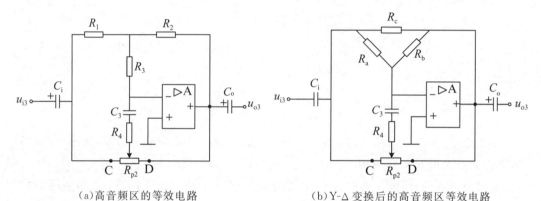

(a)高音频区的等效电路　　　　　　　(b)Y-△ 变换后的高音频区等效电路

图 2.4.11　高频区等效电路

因为前级的输出电阻很小($<500\Omega$),输出信号 u_{o3} 通过电阻 R_c 反馈到输入端的信号被前级输出电阻所旁路,所以电阻 R_c 的影响可以忽略,视为开路。当电位器 R_{p2} 的滑动端移到 C 点和 D 点时,分别对应高音提升最大和衰减最大的情况,又因为电位器 R_{p2} 的数值很大,也可视为开路。其等效电路如图 2.4.12 所示。

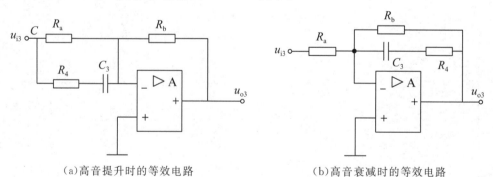

(a)高音提升时的等效电路　　　　　　(b)高音衰减时的等效电路

图 2.4.12　高音提升和衰减时的等效电路

对应于图 2.4.12(a)所示的高音提升情况,其增益的表达式为

$$
A_{uH3} = -\frac{R_b}{R_a // \left(R_4 + \dfrac{1}{j\omega C_3} \right)} = -\frac{R_b}{R_a} \frac{1 + j\omega C_3 (R_a + R_4)}{1 + j\omega R_4 C_3} = -\frac{1 + j\dfrac{\omega}{\omega_{H1}}}{1 + j\dfrac{\omega}{\omega_{H2}}}
\tag{2.4.17}
$$

$$|A_{uH3}| = \sqrt{\frac{1+(\omega/\omega_{H1})^2}{1+(\omega/\omega_{H2})^2}} \qquad (2.4.18)$$

式中有

$$\omega_{H1} = 2\pi f_{H1} = \frac{1}{(R_a+R_4)C_3} \qquad (2.4.19)$$

$$\omega_{H2} = 2\pi f_{H2} = \frac{1}{R_4 C_3} \qquad (2.4.20)$$

根据上述式子并保证 $A_{uH3} \geqslant 20\text{dB}$，应取 $R_4 = \dfrac{1}{10}R_a$，则 $\omega_{H2} \approx 10\omega_{H1}$。

当 $\omega = \omega_{H1}$ 时，有

$$|A_{uH3}| \approx \sqrt{\frac{1+1^2}{1}} = \sqrt{2}, 20\lg|A_{uH3}| = 3\text{dB} \qquad (2.4.21)$$

当 $\omega = \omega_{H2}$ 时，

$$|A_{uH3}| = \sqrt{\frac{1+(10)^2}{1+1^2}} \approx 7.07, 20\lg|A_{uH3}| = 17\text{dB} \qquad (2.4.22)$$

当 $\omega \gg \omega_{H2}$ 时，

$$|A_{uH3}| \approx \sqrt{\frac{(\omega/\omega_{H1})^2}{(\omega/\omega_{H2})^2}} = 10, 20\lg|A_{uH3}| = 20\text{dB} \qquad (2.4.23)$$

综上所述，可以近似画出图 2.4.13(a) 所示的高音提升幅频响应。从图中可以看到，高音的最大提升量为 20dB。

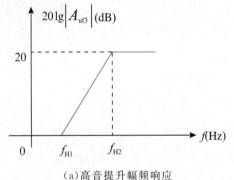 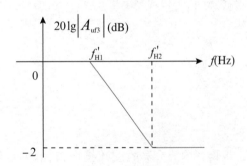

(a)高音提升幅频响应　　　　　　　　(b)高音衰减幅频响应

图 2.4.13　高音提升和衰减时的幅频响应

同理可以分析图 2.4.12(b) 所对应的高音衰减的情况，高音衰减时的最大量和转折点频率与高音提升时相同，幅频响应如图 2.4.13(b) 所示。

若将音调控制电路的高、低音提升和衰减曲线画在一起，可以得到图 2.4.14 所示的曲线。图中，由于曲线按 $\pm6\text{dB}$/倍频程的斜率变化，假设要求低频区某频率 f_{Lx} 和高频区某频率 f_{Hx} 的提升量或者衰减量为 $x\text{dB}$，则可根据下述公式进行计算：

$$f_{L2} = f_{Lx} \cdot 2^{\frac{x\text{dB}}{6\text{dB}}} \qquad (2.4.24)$$

$$f_{Hx} = f_{H1} \cdot 2^{\frac{x\text{dB}}{6\text{dB}}} \qquad (2.4.25)$$

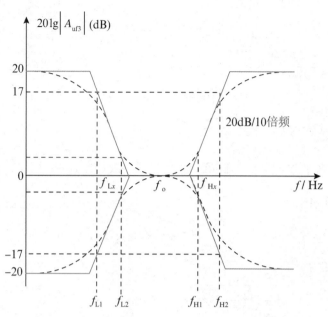

图 2.4.14　高、低音提升和衰减时的幅频特性

可见,当某一频率的提升量或衰减量 x(dB)已知时,由式(2.4.24)、式(2.4.25)可以求出所需的转折频率,再利用前述公式求出相应元器件的参数和最大提升/衰减量。根据前述关于音响放大器的技术指标可知,所要设计的音响放大器的音调控制特性为 1kHz时,增益为 0dB,100Hz 和 10kHz 处有 ±12dB 的调节范围,结合式(2.4.24)和式(2.4.25)可得低、高频的转折频率分别为

$$f_{L2} = f_{Lx} \cdot 2^{\frac{x dB}{6 dB}} = 100 \cdot 2^{\frac{12 dB}{6 dB}} = 400\,\text{Hz} \tag{2.4.26}$$

$$f_{L1} = \frac{f_{L2}}{10} = 40\,\text{Hz} \tag{2.4.27}$$

$$f_{H1} = \frac{f_{Hx}}{2^{\frac{x dB}{6 dB}}} = \frac{10\text{k}}{2^{\frac{12 dB}{6 dB}}} = 2.5\,\text{kHz} \tag{2.4.28}$$

$$f_{H2} = 10 f_{H1} = 25\,\text{kHz} \tag{2.4.29}$$

根据音响放大器的设计技术指标,要保证 $A_{uL3} = A_{uH3} \geqslant 20$dB,结合 A_{uL} 的表达式可知,R_1、R_2、R_{p1} 的阻值不能取得太大,否则运算放大器漂移电流的影响不可忽略;但也不能太小,否则流过它们的电流将超出运算放大器的输出能力,一般取几百欧到几百千欧。现取 $R_{p1} = 470$kΩ,根据式(2.4.6)和式(2.4.7)可得

$$C_2 = \frac{1}{2\pi f_{L1} R_{p1}} = 0.008\,\mu\text{F} \tag{2.4.30}$$

$$R_2 = \frac{R_{p1}}{\dfrac{f_{L2}}{f_{L1}} - 1} = 52\,\text{k}\Omega \tag{2.4.31}$$

取标称值,则 $C_2 = 0.01\mu$F,$R_2 = 51$kΩ。由前述的假设条件可得

$$R_1 = R_2 = R_3 = R = 51\,\text{k}\Omega$$

$$R_{p2} = R_{p1} = 470 \text{k}\Omega$$

$$C_1 = C_2 = 0.01 \mu\text{F}$$

$$R_4 = \frac{1}{10}R_a = \frac{3R}{10} = 15.3 \text{k}\Omega \qquad (2.4.32)$$

取标称值 $R_4 = 15 \text{k}\Omega$。

由式(2.4.20)可得

$$C_3 = \frac{1}{2\pi f_{H2} R_4} = 425 \text{pF} \qquad (2.4.33)$$

取标称值 $C_3 = 470 \text{pF}$。

由于在低频时,音调控制电路输入阻抗近似为 R_1,所以电路中的耦合电容可根据下式计算:

$$C \geqslant \frac{(3 \sim 10)}{2\pi f_L R_4} \quad (f_L \text{ 为低频截止频率}) \qquad (2.4.34)$$

由此可得,级间耦合电容可取 $C_i = C_o = 10 \mu\text{F}$。

4. 功率放大电路

功率放大器(简称功放)是音响放大器的核心电路,它的作用是给负载(扬声器)提供一定的输出功率。当负载一定时,希望输出的功率尽可能大,输出信号的非线性失真尽可能小,转换效率尽可能高。功放电路常由专用的集成功率放大器芯片组成,也可由运放和晶体管组成。最常见的功放电路形式有 OTL 电路和 OCL 电路。集成功率放大器芯片的输出功率一般不大,由运放和晶体管组成的功率放大器的输出功率较大,可根据需要进行选择。

在所要设计的音响放大器中,采用集成功放芯片 LM386 实现功率放大,其引脚排列示意图、内部电路图及其工作原理分析参见实验 1.9 中相关内容。LM386 采用单电源供电,且供电范围较宽,具有很低的静态消耗电流(4mA)和失真度(0.2%),电压增益范围为 20~200。LM386 的典型应用电路如图 2.4.15 所示。

综合前述设计方案,可以得到音响放大器的总体电路如图 2.4.16 所示。图中,集成运算放大器采用 OP07,OP07 的引脚示意如图 2.4.17 所示。OP07 具有低失调、低噪声、高开环增益、高电源电压范围等特点,其单位增益带宽为 0.6MHz,当语音放大器的增益取 5 时,可以满足 $f_H = 10 \text{kHz}$ 的频率响应要求。如图 2.4.16 所示电路中,所有集成运算放大器的正负电源都加了滤波电容,用以滤除电源干扰。电路在语音放大输出端和音乐放音机输出端分别接了两个音量电位器 R_{p2} 和 R_{p3},分别控制声音和音乐的音量。图中各单元电路的设计值需要通过实验调整和修改,特别是在进行整机调试时,由于各级之间的相互影响,有些参数可能要进行较大的变动。

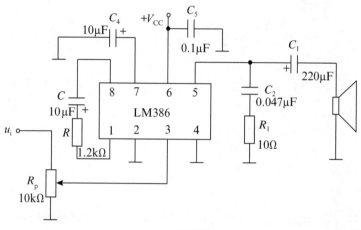

（a）一般接法

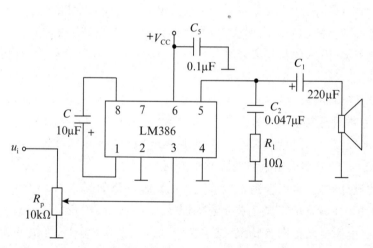

（b）增益最大（$A=200$）的接法

图 2.4.15 LM386 典型应用的连接图

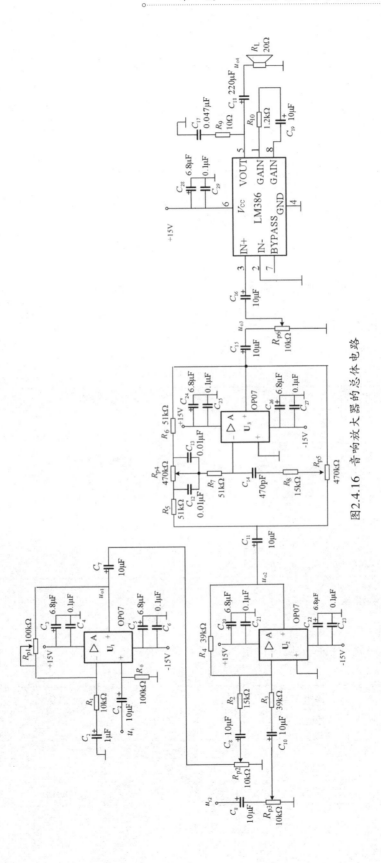

图2.4.16　音响放大器的总体电路

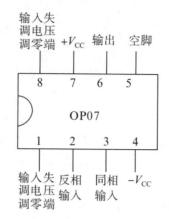

图 2.4.17　OP07 引脚功能示意图

2.4.5　实验设备与器件

1. 实验设备

实验中用到的设备如表 2.4.1 所示。

表 2.4.1　实验设备

序号	名称	型号规格	数量
1	模拟电子技术实验箱		
2	双踪示波器		
3	函数信号发生器		
4	交流毫伏表		
5	万用表		
6	直流稳压电源		
7	装有 Multisim 软件的计算机		

2. 元器件清单

(1)电阻

图 2.4.16 所示电路的电阻清单如表 2.4.2 所示。

表 2.4.2　电阻清单

编号	阻值	数量	编号	阻值	数量
R_1,R_2	10kΩ	2	R_9	10 Ω	1
R_3,R_4	39kΩ	2	R_{10}	1.2kΩ	1
R_5,R_6,R_7	51kΩ	3	R_L	20 Ω	1
R_8	15kΩ	1	R_0	100kΩ	1

(2)电位器

图 2.4.16 所示电路的电位器清单如表 2.4.3 所示。

表 2.4.3 电位器清单

编号	阻值	数量
R_{p1}	100kΩ	1
R_{p2},R_{p3},R_{p6}	10kΩ	3
R_{p4},R_{p5}	470kΩ	2

(3)电容

图 2.4.16 所示电路的电容清单如表 2.4.4 所示。

表 2.4.4 电容清单

编号	电容值	编号	电容值	编号	电容值
C_1	10μF	C_{11}	10μF	C_{21}	0.1μF
C_2	1μF	C_{12}	0.01μF	C_{22}	6.8μF
C_3	6.8μF	C_{13}	0.01μF	C_{23}	0.1μF
C_4	0.1μF	C_{14}	470μF	C_{24}	6.8μF
C_5	6.8μF	C_{15}	10μF	C_{25}	0.1μF
C_6	0.1μF	C_{16}	10μF	C_{26}	6.8μF
C_7	10μF	C_{17}	0.047μF	C_{27}	0.1μF
C_8	10μF	C_{18}	220μF	C_{28}	6.8μF
C_9	10μF	C_{19}	10μF	C_{29}	0.1μF
C_{10}	10μF	C_{20}	6.8μF		

表 2.4.4 中所有 6.8μF 的电解电容均可用 10μF 的电解电容代替。另外,对于普通电容,可采用下述方法识别其值:外表面上标注的 104 表示其电容值为 0.1μF,103 表示 0.01μF,473 表示 0.047μF,471 表示 470pF。

(4)集成电路芯片

集成电路芯片清单如表 2.4.5 所示。

表 2.4.5 集成电路芯片清单

型号	数量
OP07	3
LM386	1

2.4.6 仿真验证

如图 2.4.16 所示的音响放大器主要由语音放大器、混合前置放大器、音调控制器和功率放大器等模块组成,可以利用 Multisim 对上述模块分别进行仿真验证。

1. 语音放大器

(1)创建仿真电路

新建 Multisim 文件,在 Multisim 电路工作区窗口,按图 2.4.18 连线,并将其保存成电路文件 1。运算放大器 OP07 的供电电源设为双电源±15V。

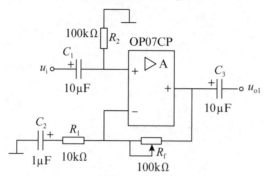

图 2.4.18　语音放大器

(2)电压放大倍数 A_u 的调测

在电路的输入端输入频率为 1kHz 的正弦波电压信号,用示波器观察输出信号 u_{o1}。调整输入信号的幅度,使输出电压 u_{o1} 不失真。调节电位器 R_f 的大小,利用万用表交流挡测量输入电压和输出电压的有效值,使放大倍数达到 5,将测试结果记入表 2.4.6,并与理论值相比较。取不同的输入电压有效值,测三组数据。

表 2.4.6　语音放大器放大倍数的仿真调测结果

	R_1	R_f	U_i	U_o	$A_u = U_o/U_i$（仿真测量值）	$A_u = 1 + \dfrac{R_f}{R_1}$（理论）
1						
2						
3						

(3)幅频响应测试

将波特图示仪接入电路,根据上、下限截止频率 f_H、f_L 的定义,当电压放大倍数的幅值 $20\lg|A_u|$ 下降 3dB 时所对应的频率即为电路的上、下限截止频率,将测试结果记入表 2.4.7。

表 2.4.7　语音放大器上、下限频率的仿真测试结果

	f_H	f_L
仿真测量值		

2. 混合前置放大器

（1）创建仿真电路

新建 Multisim 文件，在 Multisim 电路图窗口，按图 2.4.19 连线，并将其保存成电路文件 2。

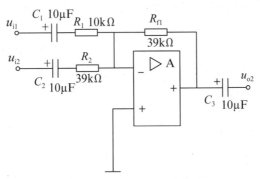

图 2.4.19 混合前置放大电路

（2）输出电压调测

在电路的两个输入端各输入频率为 1kHz 的正弦波电压信号，调整输入信号的幅度，使输出电压 u_{o2} 不失真，用万用表交流电压挡测量输入、输出电压的有效值，将测试结果记入表 2.4.8，并与理论值相比较。U_{i1}、U_{i2} 取不同的值，测量 3 组数据。

表 2.4.8 混合前置放大器输出电压的仿真测量结果

序号	U_{i1}	U_{i2}	U_o（仿真测量值）	$U_{o2} = -R_{f1}\left(\dfrac{U_{i1}}{R_1} + \dfrac{U_{i2}}{R_2}\right)$（理论值）
1				
2				
3				

（3）幅频响应的测量

将波特图示仪接入电路，根据上、下限截止频率 f_H、f_L 的定义，当电压放大倍数的幅值 $20\lg|A_u|$ 下降 3dB 时所对应的频率即为电路的上、下限截止频率，将测试结果记入表 2.4.9。

表 2.4.9 混合前置放大器上、下限频率的仿真测试结果

	f_H	f_L
仿真测量值		

3. 音调控制电路

（1）创建仿真电路

按图 2.4.7 所示连接电路，根据本实验设计要求确定电路中电阻和电容的具体数值（参见图 2.4.16 中音调控制电路部分的具体数值），并将其保存成电路文件 3。在 u_{i3} 端接

入信号发生器，示波器观察输出信号 u_{o3}。

（2）音调控制特性的测量

①低音提升与衰减：

A. 将图 2.4.7 所示电路中的高音提升与衰减电位器 R_{p2} 滑动端调到居中位置，低音提升和衰减电位器 R_{p1} 滑动端调到最左边（低音提升最大位置，此时 C_1 被短路，R_{p1} 与 C_2 并联）。

B. 调节信号发生器，使其输出一个频率为 100Hz，幅值为 100mV 的正弦波电压，作为 u_{i3} 信号，在输出波形不失真的情况下，用万用表交流电压挡测试此时输入、输出电压有效值并记录。

$$U_{i3（有效值）} = \underline{\hspace{2cm}} V, U_{o3（有效值）} = \underline{\hspace{2cm}} V。$$

C. 将波特图示仪接入电路，设置合适的工作频率范围（1Hz～50kHz），测试电路的幅频响应并记录。由于此时 C_1 被短路，当频率 f 增大时，U_o 将减小。观察所记录的幅频响应曲线，利用指针光标从图中读出当 $f = 100$Hz 时，低音部分的最大提升量并记录，判断其是否符合设计要求。

$$f = 100\text{Hz 时，低音的最大提升量} = \underline{\hspace{2cm}} dB$$

D. 将低音提升和衰减电位器 R_{p1} 滑动端调到最右边（低音衰减最大位置，此时 C_2 被短路，R_{p1} 与 C_1 并联），重复步骤 C。由于此时 C_2 被短路，当 f 增大时，U_o 将增大。

$$f = 100\text{Hz 时，低音的最大衰减量} = \underline{\hspace{2cm}} dB$$

②高音提升与衰减：

A. 将低音提升与衰减电位器 R_{p1} 滑动端调到居中位置，高音提升和衰减电位器 R_{p2} 滑动端调到最左边（高音提升最大位置）。

B. 调节信号发生器，使其输出一个频率为 $f = 10$kHz，幅值为 100mV 的正弦波电压，作为 u_{i3} 信号，在输出波形不失真的情况下，用万用表交流电压挡测试此时输入、输出电压有效值并记录。

$$U_{i3（有效值）} = \underline{\hspace{2cm}} V, U_{o3（有效值）} = \underline{\hspace{2cm}} V。$$

C. 将波特图示仪接入电路，设置工作频率的范围为 200Hz～50kHz，测试电路的幅频响应并记录。此时，当 f 减小时，U_o 也将减小。观察所记录的幅频响应曲线，利用指针光标从图中读出 $f = 10$kHz 时，高音部分的最大提升量并记录，判断其是否符合设计要求。

$$f = 10\text{kHz 时，高音的最大提升量} = \underline{\hspace{2cm}} dB$$

D. 将高音提升和衰减电位器 R_{p2} 滑动端调到最右边（高音衰减最大位置），重复步骤 C。此时，当 f 减小时，U_o 将增大。

$$f = 10\text{kHz 时，高音的最大衰减量} = \underline{\hspace{2cm}} dB$$

4. 功率放大器

由于设计中采用集成功放芯片 LM386 实现功率放大，但 Multisim 14 的元器件库中没有 LM386，所以需利用分立元器件构成功放电路进行仿真。由于 LM386 的实际内部电路较为复杂，因此只能采用其电路原理图来仿真，可采用与 LM386 工作原理相同的

OTL 功放,其电路如图 2.4.20 所示。

(1)创建仿真电路

采用 Multisim 中的虚拟元器件,按图 2.4.20 所示的功放电路原理图连接电路,并将其保存成电路文件 4。

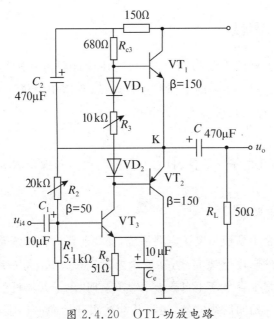

图 2.4.20　OTL 功放电路

(2)调试电路,使静态时 K 点电位 $U_K = \frac{1}{2}V_{CC}$

在没有交流信号输入的情况下,调节可调电位器 R_2 的大小,同时利用虚拟万用表测试功放电路输出点 K 对地的直流电压,使其等于 $\frac{1}{2}V_{CC}$,记录此时所对应的 R_2 的大小。

$$R_2 = \underline{\qquad}\ \Omega。$$

(3)交越失真的观察

从输入端 u_{i4} 加入 1kHz 的正弦交流电压信号,调节电路中电位器 R_3 的大小直至 $R_3 = 0$,用示波器观察输出电压 u_o 的波形,可以看到明显的交越失真。记录输出波形,说明出现交越失真的原因。

(4)最大不失真输出电压和电压放大倍数的测量

在输入端 u_{i4} 加入 1kHz 的正弦交流电压信号,用示波器观察输出电压 u_o 的波形,如输出波形出现交越失真,可调节电位器 R_3 以减小交越失真。逐渐增大输入信号,测量最大不失真输出电压 U_{om}(幅值),此时所对应的输入电压的大小 U_{s4}(有效值),即为功放电路的输入灵敏度,用万用表交流电压挡测量之,根据测得的 U_{om} 和 U_{s4},可以得出功放电路的电压放大倍数 A_{u4},将结果记入表 2.4.10,并与理论值进行比较。

表 2.4.10　功放电路的最大不失真输出电压和电压放大倍数

	U_{om} (V)	输入灵敏度 U_{s4} (mV)	A_{u4}
仿真测量值			

2.4.7　安装和调试

主要介绍音响放大器的安装与调测,即将前述设计和仿真调测好的音响电路(见图 2.4.16)在 PCB 板上装配成实际的电路并进行调试,利用相关仪器对电路进行技术指标测试,观察实际实现的电路是否满足设计要求。

1. 安装前准备

准备好实验板、所用电子元器件、材料、电烙铁、剪刀和螺丝刀等工具,并检测实验所用的集成芯片是否完好。

2. 合理布局,分级装配

音响放大器是一个小型模拟电子电路系统,安装前要对整机线路进行合理布局,一般按照输入级至输出级的顺序逐级布线,功放级要远离输入级,每一级的地线尽量接在一起,连线尽可能短,否则很容易产生自激振荡。安装时,电子元器件的引脚、极性千万不能装接错误。从输入级开始向后级安装,也可从功放级开始向前逐级安装。电路元器件放置可参考图 2.4.21。

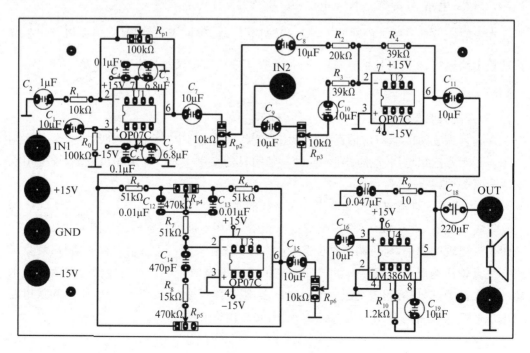

图 2.4.21　音响放大器元器件装配图示

3. 电路调试方法

电路的调试过程一般是先分级调试,再级联调试,最后进行整机调试与性能指标测试。调试工作分两步进行,即先作静态调试,后作动态调试。

静态调试时,将输入端对地短路,用数字万用表测输出端对地的直流电压。系统用单电源供电时,语音放大级、混合前置放大级、音调控制级都是运算放大器组成的,其静态输出直流电压、同相端和反相端的静态直流电压均为$\dfrac{V_{cc}}{2}$,功放级的输出(OTL 电路)也为$\dfrac{V_{cc}}{2}$。若用双电源供电时,则上述所讲的各点静态直流电位均为 0。

动态调试是指输入端接入规定的信号,用示波器观测该级输出波形,并测量各项性能指标是否满足设计要求。若性能指标偏差较大,则需要进行调整,更换器件参数;若性能指标相差很大,应检查电路连接是否有错,元器件参数是否符合要求,元器件是否损坏等,需排除故障后方可进行测试。

单级电路调试时的技术指标较容易达到,但进行级联时,由于级间相互影响,可能会使单级的技术指标发生很大变化,甚至两级无法进行级联。发生这种情况的主要原因有:

(1)布线不太合理,形成级间交叉耦合,应考虑重新布线。

(2)级联后各级电流都要流经电源内阻,内阻压降对某一级可能产生正反馈,应接 RC 去耦滤波电路。一般 R 取几十欧姆,C 用几百微法的大电容与 $0.1\mu F$ 的瓷片小电容并联。由于集成功放级输出信号较大,对前级容易产生影响,引起自激,所以可通过加强外部电路的负反馈予以抵消。常见的低频自激现象是电源电流表有规则地左右摆动,或输出波形上下抖动,产生的主要原因是输出信号通过电源及地线产生了正反馈。可以通过接入 RC 去耦合电路消除。

为了满足整机电路指标要求,可以适当修改单元电路的技术指标,原计划的单元电路技术指标仅供参考,最主要的是要满足整机技术指标的要求。

4. 主要技术指标的测试

(1)各级电路静态特性的测试

将音响放大器电路的两个输入端 u_{i} 和 u_{i2} 相连并对地短路,用万用表分别测量语音放大级、混合前置放大级、音调控制级和功放级单元电路中集成芯片的输入端和输出端对地的直流电压的大小,并将其记入表 2.4.11。

表 2.4.11　各级单元电路直流电压的测试结果

	语音放大器	混合前置放大器	音调控制器	功率放大器
U_{i+}(运放同相输入端)				
U_{i-}(运放反相输入端)				
U_{o}(运放输出端)				

（2）各级单元电路电压放大倍数的测试

利用函数信号发生器产生 $f=1\text{kHz}, 20\text{mV} \leqslant U_{im} \leqslant 100\text{mV}$ 的正弦交流电压信号，分别输入到语音放大器、混合前置放大器、音调控制器和功率放大器的输入端（从每一级电路的耦合电容之前输入，且需要断开前一级的输出与本级输入之间的连线），用双踪示波器观察每一级的输入电压和输出电压的波形。当输出电压波形不失真时，利用交流毫伏表分别测量各级单元电路的输入、输出电压有效值，即可求得各级的电压放大倍数，将其记入表 2.4.12。在测量混合前置放大器有关参数时，先将电路的两个输入端 u_i 和 u_{i2} 相连，然后输入信号从 u_i 输入。表中的 U_{i1} 是语音放大器输出电压的有效值。

表 2.4.12　各级单元电路放大倍数的测试结果

	语音放大器	混合放大器	音调控制器	功率放大器
U_i（有效值）		$U_{i1}=$		
		$U_{i2}=$		
U_o（有效值）				
$A_u = U_o/U_i$（实测值）		/		

（3）电路额定功率 P_{omax} 和输入灵敏度 U_s 的测试

将电路的两个输入端 u_i 和 u_{i2} 相连，用函数信号发生器产生 $f=1\text{kHz}, 10\text{mV} \leqslant U_{im} \leqslant 100\text{mV}$ 的正弦电压信号，送到电路的 u_i 端。用双踪示波器观察输入电压 u_i 和输出电压 u_o 的波形，调节音量控制电位器 R_{p2}、R_{p3} 和 R_{p6}，使输出不失真波形达到最大值。然后，逐渐增大 u_i，直到 u_o 波形刚好不出现失真（测量过程中如果输出 u_o 波形出现失真，可适当调节音量控制电位器 R_{p2}、R_{p3} 和 R_{p6} 的大小），所对应的输出电压即为最大不失真输出电压。用交流毫伏表测量最大不失真输出电压的有效值 U_{omax}，根据输出功率的定义，即可求得相应的额定功率 P_{omax}。并测量此时对应的输入电压 u_i 的有效值，根据输入灵敏度概念，该输入电压有效值即为输入灵敏度 U_s。

$$U_{omax} = \underline{\hspace{2cm}}, P_{omax} = \underline{\hspace{2cm}}, U_s = \underline{\hspace{2cm}}$$

（4）音调控制特性的测量

①低音提升与衰减

A. 将图 2.4.21 所示电路中的高音提升与衰减电位器 R_{p5} 滑动端调到居中位置，低音提升和衰减电位器 R_{p4} 滑动端调到最左边（低音提升最大位置）。

B. 调节函数信号发生器，输出一个 $f=100\text{Hz}, 200\text{mV} \leqslant U_{im} \leqslant 400\text{mV}$ 的正弦信号，将其输入到音调控制器的输入端（即耦合电容 C_{11} 的正端），输出信号 u_o 从耦合电容 C_{15} 的负端引出。适当调节输入信号的大小，使输出端出现一不失真的正弦波波形，利用交流毫伏表测量此时输入、输出电压的有效值，并填入表 2.4.13。

C. 保持输入信号的幅度不变，改变输入信号的工作频率，使其从 40Hz 向 1kHz 变化，观察输出电压大小的变化。在保证输出电压不失真的前提下，选择表 2.4.13 所列出的几个有代表性的频率点，用交流毫伏表测量与其对应的输出电压的有效值，记入表 2.4.13。

由于此时 C_{12} 被短路，当 f 增大时，U_o 将减小。

D. 将低音提升和衰减电位器 R_{p4} 滑动端调到最右边（低音衰减最大位置），保持输入信号的幅度不变，改变输入信号的工作频率，使其从 40Hz 向 1kHz 变化，观察输出电压大小的变化。在保证输出电压不失真的前提下，选择表 2.4.14 所列出的几个有代表性的频率点，用交流毫伏表测量与其对应的输出电压的有效值，填入表 2.4.14 中。由于此时 C_{13} 被短路，当 f 减小时，U_o 将减小。

E. 观察上述测试结果，求出在 $f=100Hz$ 时，相比于 $f=1kHz$ 时的电压放大倍数、低音提升的最大值和低音衰减的最大值，判断其是否符合理论设计的指标。

低音提升的最大值 $=20\log|A_u||_{f=100Hz}-20\log|A_u||_{f=1kHz}=$ _____ dB

低音衰减的最大值 $=20\log|A_u||_{f=100Hz}-20\log|A_u||_{f=1kHz}=$ _____ dB

F. 根据表 2.4.13 和表 2.4.14 的数据，绘制在 40Hz～1kHz 频段范围内电压放大倍数 $20\lg|A_u|$ 与频率 f 的关系曲线，得到电路低音提升和衰减的幅频特性图。

表 2.4.13　低音提升的测试结果

输入电压 U_i(mV)									
信号频率 f(Hz)	40	60	80	100	200	400	600	800	1000
输出电压 U_o(V)									
电压放大倍数 $20\lg|A_u|$									

表 2.4.14　低音衰减的测试结果

输入电压 U_i(mV)									
信号频率 f(Hz)	1000	800	600	400	200	100	80	60	40
输出电压 U_o(V)									
电压放大倍数 $20\lg|A_u|$									

②高音提升与衰减

A. 将图 2.4.21 所示电路中的低音提升与衰减电位器 R_{p4} 滑动端调到居中位置，高音提升和衰减电位器 R_{p5} 滑动端移到最左边（高音提升最大位置）。

B. 调节函数信号发生器，输出一个 $f=10kHz$，$200mV\leqslant U_{im}\leqslant 400mV$ 的正弦电压信号，将其输入到音调控制器的输入端（即耦合电容 C_{11} 的正端），输出信号 u_o 从耦合电容 C_{15} 的负端引出。适当调节输入信号的大小，使输出端出现一不失真的正弦波，利用交流

毫伏表测量此时输入、输出电压的有效值,记入表 2.4.15。

C. 保持输入信号的幅度不变,改变输入信号的频率,使其从 1kHz 向 10kHz 变化,观察输出电压大小的变化情况。在保证输出电压不失真的前提下,选择表 2.4.15 所列出的几个有代表性的频率点,用交流毫伏表测量与其对应的输出电压的有效值,记入表 2.4. 15 中。此时当 f 减小时,U_o 将减小。

D. 将高音提升和衰减电位器 R_{p5} 滑动端调到最右边(高音衰减最大位置),保持输入信号的幅度不变,改变输入信号的频率,使其从 1kHz 向 10kHz 变化,观察输出电压大小的变化。在保证输出电压不失真的前提下,选择表 2.4.16 所列出的几个有代表性的频率点,用交流毫伏表测量与其对应的输出电压的有效值,记入表 2.4.16。此时当 f 增大时,U_o 将减小。

E. 观察上述测试结果,求出在 $f=10kHz$ 时,相比于 $f=1kHz$ 时的电压放大倍数,高音提升的最大值和高音衰减的最大值,判断其是否符合理论设计的指标。

高音提升的最大值 $=20\log|A_u|\,|_{f=10kHz}-20\log|A_u|\,|_{f=1kHz}=$ _____ dB

高音衰减的最大值 $=20\log|A_u|\,|_{f=10kHz}-20\log|A_u|\,|_{f=1kHz}=$ _____ dB

F. 根据表 2.4.15 和表 2.4.16 的数据,绘制在 1k～10kHz 频段范围内电压放大倍数 $20\lg|A_u|$ 与频率 f 的关系曲线,得到电路高音提升和衰减的幅频特性图。

表 2.4.15 高音提升的测试结果

输入电压 U_i(mV)								
信号频率 f(kHz)	10	8	6	4	2	1.8	1.5	1
输出电压 U_o(V)								
电压放大倍数 $20\lg|A_u|$								

表 2.4.16 高音衰减的测试结果

值输入电压 U_i(mV)								
信号频率 f(kHz)	1	1.5	1.8	2	4	6	8	10
输出电压 U_o(V)								
电压放大倍数 $20\lg|A_u|$								

5. 幅频响应的测试

(1)将电路的两个输入端 u_i 和 u_{i2} 相连,用函数信号发生器产生 $f=1kHz$,$10mV \leqslant U_{im} \leqslant 100mV$ 的正弦电压信号,送到电路的 u_i 端,调节如图 2.4.21 所示电路中音量电位器 R_{p2}、R_{p6} 的大小,使电路输出不失真电压有效值达到 2V 左右,用交流毫伏表测量此时输入、输出电压的有效值,记入表 2.4.17。

表 2.4.17　频率响应特性的测试结果

输入电压 U_i(mV)								
信号频率 f(kHz)	0.02	0.04	0.06	0.08	0.1	0.2	0.4	0.6
输出电压 U_o(V)								
电压放大倍数 $20\lg|A_u|$								
信号频率 f(kHz)	0.8	1	2	4	6	8	10	…
输出电压 U_o(V)								
电压放大倍数 $20\lg|A_u|$								

（2）保持输入信号幅度不变，改变输入信号的频率，使其从 20Hz 向 20kHz 变化，观察输出电压大小的变化。在保证输出电压不失真的前提下，选择表 2.4.17 所列出的几个有代表性的频率点，用交流毫伏表测量与其对应的输出电压的有效值，并根据测得的数据计算相应频率点的电压放大倍数，记入表 2.4.17。

（3）依据表 2.4.17 的数据，绘制在 20Hz—20kHz 频段范围内电压放大倍数 $20\lg|A_u|$ 与频率 f 的关系曲线。根据上、下限截止频率的定义，从图中求出音响放大器系统的上、下限截止频率 f_L 和 f_H。

6. 其他技术指标的测试

除上述要求测试的主要技术指标外，还可测试输入阻抗 R_i、噪声电压 U_N、整机效率 η 等。

（1）输入阻抗 R_i

从音响放大器输入端（如语音放大器输入端 u_i）看进去的阻抗称为输入阻抗 R_i。R_i 的测量方法与放大器的输入阻抗测量方法相同。测量时，将电路的 u_{i2} 端对地短路，信号从电路的 u_i 端输入，同时在电路的输入端加接一个 $R_s = 10k\Omega$ 的电阻，电路连接如图 2.4.22所示。测得该电阻前后两个电压的有效值 U_s 和 U_i，根据式（2.4.35）即可计算出电路的输入电阻 R_i：

$$R_i = \frac{U_i}{I_i} = \frac{U_i}{\dfrac{U_s - U_i}{R_s}} = \frac{U_i}{U_s - U_i} R_s \qquad (2.4.35)$$

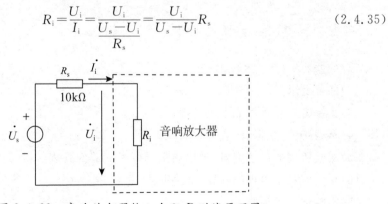

图 2.4.22　音响放大器输入电阻 R 测试原理图

（2）噪声电压 U_N

音响放大器的输入为零时，输出负载 R_L 上的电压称为噪声电压 U_N。测量方法是，将电路的两个输入端 u_{i1} 和 u_{i2} 相连并对地短路，将电路中的音量电位器 R_{p2}、R_{p3} 和 R_{p6} 置于最大值，用示波器观测输出负载 R_L 的电压波形，用交流毫伏表测量其有效值 $U_N=$ _____，一般要求 $U_N \leqslant 10\mathrm{mV}$。

（3）整机效率 η

整机效率 η 是指整个音响放大器在达到额定输出功率时，输出功率 P_{omax} 与电源提供功率 P_u 的比值的百分比，即

$$\eta=\frac{P_{omax}}{P_u}\times100\%=\left[\frac{U_o^2}{R_L}\div(V_{CC}I)\right]\times100\% \tag{2.4.36}$$

式中：V_{CC} 是直流供电电源的电压；I 是电路在额定输出功率情况下，电源提供给功放电路的总电流的平均值；U_o 是输出电压的有效值。

测量时，先将电路的两个输入端 u_i 和 u_{i2} 相连，用函数信号发生器产生 $f=1\mathrm{kHz}$，$10\mathrm{mV}\leqslant U_{im}\leqslant100\mathrm{mV}$ 的正弦电压信号，送到电路的 u_i 端，两个音调控制电位器 R_{p4}、R_{p5} 置于中间位置，音量控制电位器 R_{p2}、R_{p3} 和 R_{p6} 置于最大值，功率输出端接额定负载电阻（代替扬声器）。用双踪示波器观察 u_i 和 u_o 的波形，逐渐增大 u_i 的电压，直到 u_o 达到最大不失真波形（测量过程中如果输出波形出现失真，可适当调节音量控制电位器 R_{p2}、R_{p3} 和 R_{p6} 的大小），测出此时输出电压的有效值。然后将 PCB 实验板与直流稳压电源的 $+15\mathrm{V}$ 电源的连接线断开，把万用表置为直流电流挡后，将万用表红表棒接到直流稳压电源的 $+15\mathrm{V}$ 电源的正端，黑表棒接实验板 $+15\mathrm{V}$ 电源端，在万用表显示窗中读取此时 $+15\mathrm{V}$ 电源提供的电流的大小 I_+；用同样方法可以读取 $-15\mathrm{V}$ 电源提供的电流的大小 I_-，由于 LM386 芯片是 $+15\mathrm{V}$ 单电源供电，所以一般有 $I_+ \gg I_-$，因此 $I=I_+ + I_- \approx I_+$。根据式（2.4.36），即可计算求得电路的整机效率 η。

如果所设计的方案有别，则上述电路调测内容和步骤可作相应变动，但最后测试的结果要能反映出音响放大器系统是否已满足了设计任务要求。

2.4.8　实验报告撰写要求

（1）摘要。

（2）任务要求

（3）系统方案和各单元电路设计。

（4）实验步骤、数据、图表等记录及分析。

（5）实验所用的设备型号、规格和主要电子元器件列表。

（6）总结实验中出现的问题、解决办法、意见和建议等。

（7）实验注意事项。

（8）参考文献。

2.4.9　思考题

(1)如果输出额定功率没有达到要求,应该调整哪些参数?

(2)如果输出灵敏度没有达到要求,应该调整哪些参数?

(3)如果将双电源运放改为单电源运放,应该注意哪些问题?

2.4.10　注意事项

(1)电路中各集成芯片引脚要正确连接,运放的正负电源引脚端不能接反。

(2)特别注意电解电容器(极性电容器)的正负极不能接反。

(3)注意用电安全,搭接和改接实验线路前,应该断开实验电路的供电电源开关。

实验

2.5

温度测量和报警电路

2.5.1　实验目的

(1)熟悉由单电源供电的电压放大电路、电压－电流变换电路、超限报警电路的分析与设计方法。

(2)能够设计、仿真和制作符合要求的温度测量和报警电路。

(3)综合运用所学知识分析和解决实际问题。

2.5.2　设计任务和技术指标要求

数字显示电子温度计具有使用便利、读数清晰、精度高、安全性好等优点,应用十分广泛。数字显示电子温度计内部电路结构多样,如图 2.5.1 所示是一种数字显示电子温度计的组成框图,由温度传感模块、电压放大电路模块、电压－电流转换模块、温度超限报警模块、数字表头(包括模数转换、数字信号处理、数字显示器)组成,其中数字表头是由 ICL7106 和液晶显示器组成的成品模块,有电流输入模式,最大输入电流为 200mA,当输入电流为 0～199.9mA 时,对应的输出为 0～199.9mA;温度传感模块选用集成温度传感器 LM35,LM35 的电源电压范围为 4～32V,输出的模拟电压与温度成正比,温度每增加 1℃,输出电压增加 10mV,可测量－55℃至 150℃ 的温度范围,精度±0.5℃。本实验的基本设计任务和技术指标要求如下:

(1)根据图 2.5.1 所示框图,设计一个温度测量和温度超限报警电路,能测量 0～50℃范围内的温度,当温度高于 45℃时,通过蜂鸣器和红色发光二极管进行声光报警,当温度低于 5℃时,通过蜂鸣器和绿色发光二极管进行声光报警。

(2)当温度在 0～50℃变化时,u_2 应在 0～5V 线性地变化,同时输出电流 i。相应地在 0～50mA 线性地变化。

(3)标定温差≤1℃。

(4)温度计的供电电源为电压9V的干电池。

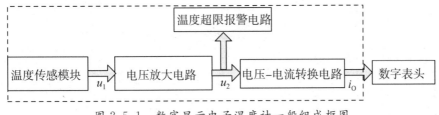

图 2.5.1　数字显示电子温度计一般组成框图

2.5.3　预习要求

(1)查阅 LM35 集成温度传感器芯片数据手册,了解其功能和主要参数。

(2)查阅具有电流输入功能的由 ICL7106 和液晶显示器组成数字表头成品模块,了解其功能。

(3)理解设计任务和技术指标要求。

(4)完成各模块电路的设计方案初稿。

2.5.4　实验设备与元器件

列写实验中用到的仪器设备和元器件清单。

2.5.5　实验内容

1.仿真调测

采用先分别调测各单元模块,调通后再进行整机调测的方法,以提高调测效率。

(1)电压放大电路仿真调测

在 Multisim 的电路工作区窗口按设计图接线,由于 Multisim 软件中没有温度传感器 LM35 元件,因此输入端接入毫伏级直流信号源,代替 LM35 的输出 u_1。直流信号源可选用 Multisim"电源库(Source)"中的 SIGNAL_VOLTAGE_SOURCES 类别中的 DC_INTERACTIVE_VOLTAGE 元件,在电路工作区窗口放置 DC_INTERACTIVE_VOLTAGE 元件后,双击该元件,将其最大值设置为 0.5V,最小值设置为 0,如图 2.5.2 所示,以便模拟当温度从 0℃到 50℃变化时 LM35 的输出电压从 0~0.5V 的变化情况。

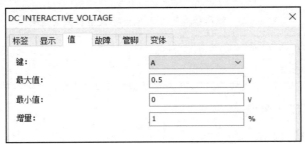

图 2.5.2　Multisim 中 DC_INTERACTIVE_VOLTAGE 元件的设置

u_1 在 0～0.5V 取若干(例如 10 个)不同的值,测量对应的输出 u_2,填入表 2.5.1,并与理论值进行比较。调测结束后,保存仿真文件。

表 2.5.1　电压放大电路的仿真测量结果

u_1(V)	0							0.5V
u_2(V)仿真测量值								
u_2(V)理论值	0							5V

(2)电压－电流转换电路仿真调测

按设计图接线,输入端接入直流电压,输入直流电压取 0V 时,调节电路中的相关电位器等使得输出电流 i_O 为 0mA;输入直流电压取 5V 时,调节电压－电流转换电路中的相关电位器等使得输出电流 i_O 为 50mA;输入直流电压取 0～5V 的若干值,测取对应的输出电流 i_O,记入表 2.5.2 中,并与理论值进行比较。调测结束后,保存仿真文件。

表 2.5.2　电压－电流转换电路仿真测量结果

u_3(V)	0							5
i_O(mA)仿真测量值								
i_O(mA)理论值	0							50

(3)温度超限报警电路仿真调测

按设计图接线,输入端接入直流电压。当输入直流电压小于 0.5V(对应报警下阈值温度 5℃)时,调节电路中的相关参数(例如电位器等)使得报警用的蜂鸣器发声、红色发光二极管点亮;当输入直流电压大于 4.5V(对应报警上阈值温度 45℃)时,调节电路中的相关参数,使得报警用的蜂鸣器发声、绿色发光二极管点亮。调测结束后,保存仿真文件。

(4)整机仿真调测

在各模块调测结果符合设计要求的情况下,按图 2.5.1 将各模块(除温度传感器模块外)连接成系统,在 u_1 输入端接入一个用于模拟 LM35 传感器输出电压的直流信号,u_1 取 0 到 0.5V 间的若干值,测量对应的输出电流 i_O,在 u_1＝0.05V(报警下阈值温度对应的 u_1 值)和 u_1＝0.45V(报警上阈值温度对应的 u_1 值)附近多测几点,记入表 2.5.3。分析 i_O 随 u_1 变化的线性度,分析温度测量精度是否符合设计要求,分析报警功能是否正常。如果不满足,则需改进电路。调测结束后,保存仿真文件。

表 2.5.3　温度检测和报警电路整机仿真测量结果

u_1(V)	0							0.5
i_O(mA)仿真测量值								

2. 实际电路搭建和调测

(1)电压放大电路调测

用实际元器件搭建电路,在输入端接直流信号源。调测步骤同前面的相关模块的仿真调测,测量和记录相关数据,记入表 2.2.4。与表 2.5.1 中的仿真值和理论值进行比较。

表 2.5.4　电压放大电路的实际测量结果

u_1(V)	0							0.5V
u_2(V)实际测量值								

（2）电压-电流转换电路的调测

用实际元器件搭建电路,调测步骤同前面的电压-电流转换电路的仿真调测,测量和记录相关数据,记入表 2.5.5。

表 2.5.5　电压-电流转换电路测量结果

u_3(V)	0							5
i_O(mA)实际测量值								

（3）温度超限报警电路仿真调测

用实际元器件搭建电路,调测步骤同前面的温度超限报警电路仿真调测。

（4）整机调测

按图 2.5.1 所示框图,将调测好的各模块电路连接起来,包括接入数字表头,但先不接 LM35,先用直流信号源接至输入端,代替 LM35。

输入信号 u_1 以一定的增量取 0 到 0.5V 间的若干值,分别测量电流 i_O,在 $u_1=0.05$V（报警下阈值温度对应的 u_1 值）和 $u_1=0.45$V（报警上阈值温度对应的 u_1 值）附近多测几点,记入表 2.5.6。分析 i_O 随 u_1 变化的线性度,分析整机的温度测量精度是否符合精度要求,分析报警功能是否正常。

表 2.5.6　温度检测和报警电路整机测量结果

u_1(V)	0							0.5
i_O(mA)实际测量值								
数字表头显示数值	0							50

然后在输入端接入 LM35,组成完整系统。注意在接入 LM35 之前应撤掉原先接着的直流信号源。用适当的方法控制 LM35 所处的环境温度,用高一级精度的成品温度计作为标准测量仪器,测取几组不同的温度值,记入表 2.5.7。将设计的温度计测量的结果与成品温度计测量的结果进行比较,分析其测量精度是否满足设计要求,如果不满足,则需改进电路,直至满足精度要求。

表 2.5.7　所设计的温度计与标准温度计测量结果的比较

所设计的温度计测量结果						
标准温度计测量结果						
误差						

2.5.7　实验报告撰写要求

(1)摘要

(2)设计任务和要求。

(3)各模块的设计方案。

(4)测试结果(数据、图表等)记录及分析,分析温度测量、超限报警功能、测量精度是否满足设计要求。

(5)实验所用的仪器设备型号规格以及电子元器件列表

(6)总结实验中出现的问题,解决办法,提出意见和建议等。

(7)总结实验注意事项。

(8)参考文献。

2.5.8　思考题

(1)电压放大电路是否需要用差分放大电路?

(2)还可以用其他什么样的温度传感器?

2.5.9　注意事项

(1)电路中各集成芯片引脚正确连接,注意电解电容器(极性电容器)的正负极性不能接反,否则极性电容器会烧毁。

(2)各集成芯片的电源极性不能接反。

(3)注意用电安全,连接实验线路前,应该断开电路的供电电源开关。

频率计前置信号调理电路

2.6.1 实验目的

(1)进一步掌握电压放大器、比较器、低通滤波器、信号发生器的分析与设计方法。

(2)能设计、仿真和制作符合要求的频率计用前置信号调理电路。

(3)综合运用所学知识分析和解决实际问题。

2.6.1 设计任务和技术指标要求

数字频率计用于测量输入信号的频率,它的实现方法有很多。如图2.6.1所示是一种频率计的总体框图。虚线框内是前置信号调理电路,用于将输入信号 u_1 变换成同频率的正方波信号 u_5,以符合后一级计数模块对计数脉冲的要求。

图2.6.1所示框图中的迟滞比较器用于将输入的波形变换成正方波。用迟滞比较器是为了提高电路的抗干扰能力;放大电路用于将输入的小信号放大至迟滞比较器对其输入信号的幅度要求;低通滤波电路用于滤除前一级放大电路的输出可能存在的高频干扰信号;箝位电路的功能是使得当输入信号 u_1 超过某阈值时其输出 u_2 被箝位在某个限定值,以保护后一级的放大电路。

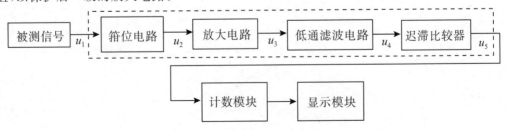

图 2.6.1 频率计的总体框图

(1)设被测电压信号 u_1 的基频范围为 20Hz～20kHz,峰峰值范围为 20mV～2V。根据图2.6.1所示框图,设计和制作频率计前置信号调理电路。要求输出信号 u_5 的高电平

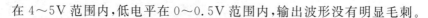

在 4～5V 范围内,低电平在 0～0.5V 范围内,输出波形没有明显毛刺。

（2）设计和制作所需的直流稳压电源。由单相 220V 工频交流电压供电,设交流电压变化范围为－10％～＋10％。

2.6.3　实验内容

用函数信号发生器输出的正弦波周期信号作为被测信号,对所设计好的电路进行仿真调试和实际电路调试,调试步骤自拟,记录仿真测试和实际测试的数据,分析功能和指标是否符合要求,并进行误差分析。记录数据用的图表自拟。

2.6.4　实验报告撰写要求

（1）摘要

（2）设计任务和要求。

（3）各模块的设计方案。

（4）测试结果(数据、图表等)记录,分析测试结果是否满足设计要求。

（5）实验所用的仪器设备型号规格以及电子元器件列表

（6）总结实验中出现的问题,提出解决办法、意见和建议等。

（7）总结实验注意事项。

（8）参考文献。

2.6.5　注意事项

（1）电路中各集成芯片引脚正确连接,电解电容器(极性电容器)的正负极性不能接反,否则极性电容器会烧毁。

（2）各集成芯片的电源极性不能接反。

（3）注意用电安全,连接实验线路前,应该断开电路的供电电源开关。

自动增益控制电路

实验 2.7

2.7.1　实验目的

(1)能设计、仿真和制作符合要求的自动增益控制电路

(2)综合运用所学知识分析和解决实际问题。

2.7.2　设计任务和技术指标要求

自动增益控制(AGC)电路是指当输入信号的幅度在一定范围内变化时,输出信号幅度保持恒定不变的电路。AGC 电路广泛应用于自动控制系统、接收机、信号采集系统、通信系统、雷达、广播电视系统、信号发生器中。如图 2.7.1 所示是一种 AGC 电路的框图,其功能是当输入信号的幅值变化时,能保持输出信号的幅值不变。

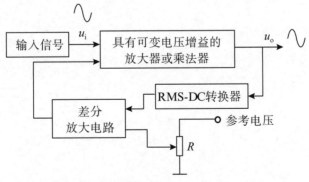

图 2.7.1　一种 AGC 电路的框图

(1)设输入电压信号 u_i 为正弦波,频率范围为 100Hz~10kHz,有效值范围为 100~500mV。根据图 2.7.1 所示框图,设计和制作 AGC 电路。要求输出信号为与 u_i 同频率的正弦波,当 u_i 在 100Hz~10kHz 频率范围内,其有效值从 100~500mV 变化时,输出信号 u_o 的有效值约为 5V 不变。

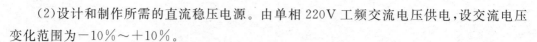

（2）设计和制作所需的直流稳压电源。由单相220V工频交流电压供电，设交流电压变化范围为$-10\%\sim+10\%$。

（3）设计和制作正弦波信号发生器，频率范围为100Hz～10kHz，有效值范围为100～500mV可调。作为所设计的AGC电路的调试用信号源。

2.7.3 实验内容

用自制的正弦波信号发生器作为输入信号，对所设计好的电路进行仿真调试和实际电路调试，调试步骤自拟，记录仿真测试和实际测试的数据，分析功能和技术指标是否符合设计要求，并进行误差分析。记录数据用的图表自拟。

2.7.4 实验报告撰写要求

同实验2.6。

2.7.5 注意事项

同实验2.6。

实验 2.8 锁相环电路

2.8.1 实验目的

(1)能设计、仿真和制作符合要求的基本锁相环电路。

(2)综合运用所学知识分析和解决实际问题。

2.8.2 设计任务和技术指标要求

锁相环能够使输出信号的频率跟踪输入信号的频率,与输入信号的频率保持一致。基本锁相环(PLL)电路框图如图 2.8.1 所示,是一个包括相位检测器、低通滤波器和压控振荡器(VCO)的反馈电路。有些锁相环电路也在环内包括一个放大器,有些不包括滤波器。

如图 2.8.1 所示 PLL 的工作原理为:相位检测器检测输入信号 u_i 和输出信号 u_o 的相位差,当输入信号的频率 f_i 发生变化时,意味着输入信号与输出信号间的相位差 φ 发生了变化。检测到 φ 的变化后,相应地增大或减小其输出电压 u_1,经过低通滤波器滤除不需要的高频信号后,产生反映相位差大小的信号 u_2,反馈给 VCO,使 VCO 的输出频率 f_o 朝着输入信号的频率变化,直到两个频率相等,此时,称 PLL 锁住了输入信号的频率。

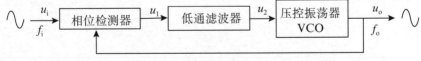

图 2.8.1 基本锁相环电路框

(1)根据图 2.8.1 所示框图,设计和制作 PLL 电路,使得当输入正弦波电压信号 u_i 在 1~100 kHz 频率范围内变化时(有效值设为 1 V),输出信号 u_o 的频率能够跟踪输入信号频率。误差要求 ≤1%。

(2)设计和制作所需的直流稳压电源。由单相 220 V 工频交流电压供电,设交流电压变化范围为$-10\% \sim +10\%$。

图 2.8.1 中相位检测器可由线性乘法器组成,设输入信号 u_i 和输出信号 u_o 的表达式分别为

$$u_i = U_{im}\sin(2\pi f_i + \varphi_i)$$

$$u_o = U_{om}\sin(2\pi f_o + \varphi_o)$$

相位检测器将这两个信号相乘,得

$$u_1 = U_{im}\sin(2\pi f_i + \varphi_i) \times U_{om}\sin(2\pi f_o + \varphi_o)$$

$$= \frac{U_{im}U_{om}}{2}\cos[(2\pi f_i + \varphi_i) - (2\pi f_o + \varphi_o)] - \frac{U_{im}U_{om}}{2}\cos[(2\pi f_i + \varphi_i) + (2\pi f_o + \varphi_o)]$$

当 PLL 锁住时,有 $f_i = f_o$,此时相位检测器的输出电压为

$$u_1 = U_{im}\sin(2\pi f_i + \varphi_i) \times U_{om}\sin(2\pi f_o + \varphi_o)$$

$$= \frac{U_{im}U_{om}}{2}[\cos(\varphi_i - \varphi_o) - \cos(4\pi f_i + \varphi_i + \varphi_o)] \qquad (2.8.1)$$

式中:第二个余弦项是二次谐波,图 2.8.1 中的低通滤波器就是用于滤除这二次谐波,因此滤波器的输出即为

$$u_2 = K\frac{U_{im}U_{om}}{2}\cos(\varphi_i - \varphi_o) = K\frac{U_{im}U_{om}}{2}\cos\varphi \qquad (2.8.2)$$

式中:$\varphi = (\varphi_i - \varphi_o)$;$K$ 为滤波器的通带增益。

图 2.8.1 中的压控振荡器可选用合适的集成芯片组成。

2.8.3　实验内容

用函数信号发生器产生的正弦波信号作为输入信号,对所设计好的电路进行仿真调试和实际电路调试,调试步骤自拟,记录仿真测试和实际测试的数据,分析功能和技术指标是否符合设计要求,并进行误差分析。记录数据用的图表自拟。

2.8.4　实验报告撰写要求

同实验 2.6。

2.8.5　注意事项

同实验 2.6。

第三篇

模拟电子技术虚拟仿真实验

实验 3.1

晶体管共发射极放大电路仿真研究

3.1.1 实验目的

(1)掌握用 Multisim 软件进行电子电路仿真的方法。

(2)掌握 Multisim 软件的基本使用方法。

(3)掌握晶体管共发射极放大电路静态工作点和动态性能指标的调测方法。

3.1.2 实验原理和 Multisim 软件简介

1. 实验原理

实验原理参见实验 1.2。实验原理电路如图 1.2.1 所示。

2. Multsim 14.0 软件简介

(1)Multsim 14.0 的操作界面

Multsim 14.0 能对模拟、数字、模拟/数字混合电路、射频电路等进行仿真设计和分析,克服了传统电子产品的设计受实验室客观条件限制的局限性,实验成本低、速度快、效率高,电路的修改调试方便,分析功能、仿真功能和制图功能强大,可直接打印输出实验数据、实验曲线、电路原理图等。

启动 Multsim 14.0,出现如图 3.1.1 所示的界面。该界面主要由主菜单栏、系统工具栏、设计工具栏、元器件栏、动态探针栏、仿真开关、仪器仪表栏、状态栏、电路工作区窗口等部分组成。

(2)主菜单栏

主菜单栏如图 3.1.2 所示。从左到右依次为文件菜单(File)、编辑菜单(Edit)、窗口显示菜单(View)、放置菜单(Place)、MCU 菜单(MCU)、仿真菜单(Simulate)、文件输出菜单(Transfer)、工具菜单(Tools)、报告菜单(Reports)、选项菜单(Options)、窗口菜单(Window)和帮助菜单(Help),共有 12 个主菜单选项,包括了该软件所有的功能操作命令。

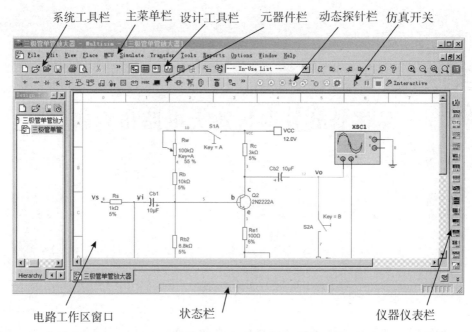

图 3.1.1 Multism14.0 的操作界面

File   Edit   View   Place   MCU   Simulate   Transfer   Tools   Reports   Options   Window   Help

图 3.1.2 主菜单栏

（3）设计工具栏

设计工具栏如图 3.1.3 所示，从左至右依次为：设计工具盒（Design Toolbox）、电子数据表视图（Spreadsheet View）、SPICE 网表（SPICE Netlist）、仿真结果的图表（Grapher）、对电路分析进行后处理（Postprocessor）、跳转到父系表（Parent Sheet）、新元件创建向导（Component Wizard）、数据库管理（Data Manager）、使用中元件列表（In-Use List）、电气规则检查（Electrical rules check）、转换为 Ultiboard 文件格式（Transfer to Ultiboard）、将 Ultiboard 中的注释变动传送到正在编辑的 Multism 电路中（Backward annotate from Ultiboard）、将 Multism 电路的注释变动传送到 Ultiboard 电路文件中（Forward Annotate to Ultiboard）。

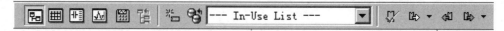

图 3.1.3 Multisim14 设计工具栏

（4）元件栏

Multisim 元件分为实际元件和虚拟元件（Virtual），实际元件是指实际存在的元件，与具体型号的元件相对应；虚拟元件多数参数都是该种类元件参数的典型值。

实际元件栏如图 3.1.4 所示，分成 18 类。从左至右依次是：电源库（Source）、基本元件库（Basic）、二极管库（Diode）、晶体管库（Transistor）、模拟元件库（Analog）、TTL 元件库（TTL）、CMOS 元件库（CMOS）、其他数字元件库（Misc Digital）、混合元件库（Mixed）、指示器库（Indicator）、功率元件库（Power Component）、其他元件（Misc）、外围元件库（Advanced-Peripherals）、射频元件库（RF）、机电类元件库（Electromechanical）、NI 元件库、连接器库、MCU 元件库。用鼠标左键单击元器件库中的相应图标即可打开该类元件库。

图 3.1.4　实际元件栏

虚拟元件栏如图 3.1.5 所示，有 9 个虚拟元器件图标，以蓝色图标显示。从左至右依次是：模拟元件库（Analog）、基本元件库（Basic）、二极管库（Diodes）、晶体管库（Transistor）、测量元件库（Measurement）、其他元件库（Misc）、电源库（Power Source）、额定元件库（Rated）、信号源库（Signal Source）。单击图标可以打开相应类型的元件库。但虚拟元件在实际生活中不能找到，只能用于仿真实验。

要显示虚拟元件栏，只需在主窗口菜单中依次执行"View"→"Toolbars"→"Virtual"命令。

图 3.1.5　虚拟元件栏

（5）仪器仪表栏

Multism 14.0 仪器仪表栏通常位于电路窗口的右边，在仪器仪表栏下提供了 18 个常用仪器仪表和一组 LabVIEW 仪器，如图 3.1.6 所示，图中从左至右依次是数字万用表（Multimeter）、函数信号发生器（Function Generator）、瓦特表（Wattmeter）、双通道示波器（Oscilloscope）、四通道示波器（4 Chennel Oscilloscope）、波特图示仪（Bode Plotter）、频率计（Frequency Counter）、字信号发生器（Word Generator）、逻辑转换器（Logic Converter）、逻辑分析仪（Logic Analyzer）、IV 分析仪（IV Analyzer）、失真度仪（Distortion Analyzer）、频谱分析仪（Spectrum Analyzer）、网络分析仪（Network Analyzer）、Agilent 信号发生器（Agilent Function Generator）、Agilent 万用表（Agilent Multimeter）、Agilent 示波器（Agilent Oscilloscope）、Tektronix 示波器（Tektronix Oscilloscope），最后一个图标是 1 组 LabVIEW 仪器，包括 BJT 分析仪、阻抗仪、麦克风、耳机、信号发生器、信号分析仪等，通过下拉子菜单可选。

图 3.1.6　仪器仪表栏

3.1.3　预习要求

（1）掌握实验 1.2 中图 1.2.1 所示的单管共发射极放大电路的工作原理。

（2）阅读有关 Multisim 软件的使用说明资料。

3.1.4 实验设备

(1)计算机一台。

(2)Multisim 软件一套(本书用的是 Multisim 14.0 版本,其他版本也可以用,但须注意在功能及具体操作上的区别)。

3.1.5 实验内容

1. 在 Multisim 平台上搭建实验电路

仿真电路搭建操作视频

(1)启动 Multisim,按实验 1.2 中图 1.2.1 所示电路,把仿真所需的元件从元件库中调出,放到电路工作区窗口中。

在搭建电路之前,可以先执行菜单"Options"→"Global Options"命令,在"Components"标签的"Symbol Standard"处设定元器件符号标准,有 ANSI 和 DIN 两种可选。

晶体三极管是本实验电路的核心,现选用型号为 2N2222A 的晶体管。单击菜单栏"Place",在下拉菜单中选"Component",在打开的对话框的"Database"栏中选"Master Database",在"Group"栏中选"Transistors"类型,如图 3.1.7 所示;再在"Family"栏中选"BJT_NPN"子类;在元器件(Component)列表栏中选中 2N2222A,单击"OK"按钮或双击该元件,并移动鼠标把元件放在电路工作区合适位置后,单击鼠标左键,该晶体三极管就放到了工作区。双击该三极管,在"Lable"标签的"RefDes"栏更改其标号为 VT_1。

如果直接单击 Multisim 操作界面(见图 3.1.1)的实际元器件库栏的"Transistor"图标,一样可以进入如图 3.1.7 所示的对话框。

用同样方法提取电阻(RESISTOR)、电解电容(CAP_ELECTROLIT)、电位器(POTENTIOMTER)、开关(SWITCH)、直流电源(VCC)和接地端(GROUND),并更改其标号。电阻、电容和开关在元器件库的 Basic 类中,直流电源和接地端在元器件库的 Source 类的 POWER_SOURCES 子类中。

双击已提取的直流电源图标后,在"Value"标签的"Voltage"栏中可修改电压值,在此取 12V;双击电位器图标后,在"Value"标签的"Resistance"栏可修改阻值,在"Key"栏中修改调节阻值用的键,在此设为 A 键,在"Increment"栏可修改电位器步进值;双击开关图标后,在"Value"标签的"Key for toggle"栏可修改切换开关用的键,对于本实验所用的两个开关,分别设为 B 键和 C 键。

另外,若要更改已提取的某元器件的参数,只要双击该元器件,在弹出的对话框中进行相应操作即可。

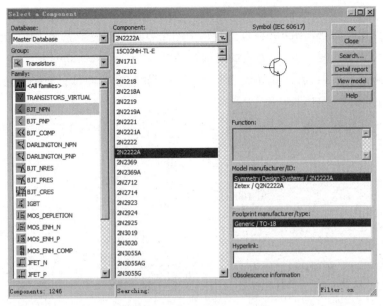

图 3.1.7　提取晶体三极管

（2）根据信号流向，调整各元件的位置并连线。

先选中所要调整的元件，按住鼠标左键将其拖到合适的位置。

若要改变元件的放置方向（垂直或水平放置），可选中（或激活）该元件，单击鼠标右键（或单击菜单栏中"Edit"→"Orientation"），在弹出的菜单中执行"Rotate 90 clockwise"（顺时针旋转 90°）、"Rotate 90 counter clockwise"（逆时针旋转 90°）等命令。

若要删除某个或某些元器件，只需选中这些元器件，然后执行删除命令。选中元器件有两种方法，第一种是单击该元器件，第二种是在电路工作区的某点按下鼠标左键，并拖动鼠标到另一点，放开鼠标左键，则由该两点组成的长方形内的元器件、导线、仪器仪表等均被选中。

电路连线可通过如下方法实现：

①连接两个元件：用鼠标指向一个元件的一个连接端，此时鼠标指针会变成小圆点，单击鼠标左键并移动鼠标，即可拉出一条线，将连线拖到另一元件的连接端，单击鼠标左键，则两连接端之间即自动连上一条导线。如果连线过程中要从某点转弯，则只需在此点单击鼠标左键，然后再移动鼠标。

②连接两条导线：先在一条导线上插入一连接点，然后用鼠标指向该连接点，按下鼠标左键并移动鼠标使之出现连接线，将连接线拖到另一条导线，当在导线上出现小圆点时单击鼠标左键，两导线之间即自动接上一条连线。

调出节点的方法：单击菜单栏"Place"→"Junction"，将鼠标移到电路工作区窗口的节点放置位置单击一下即可。

③在导线上插入元器件：从打开的元件库中拖动元件到电路工作区中的导线上，使元件两连接端与导线重合，然后放开鼠标左键。注意，当导线的长度较短时将无法插入元

件,这时可以先将导线拉长后再插入元器件。

电路元件连接时,Multisim 会自动给每个电路节点安排一个序号。如果想修改序号,只需对相应的节点连线双击,在弹出的对话框的"Preferred net name"栏中进行修改。

要断开一条导线,只需将此导线选中,然后选择删除命令即可。如果将元件或仪器删除,则相应的连线也会自动断开。

完成仿真电路如图 3.1.8 所示。

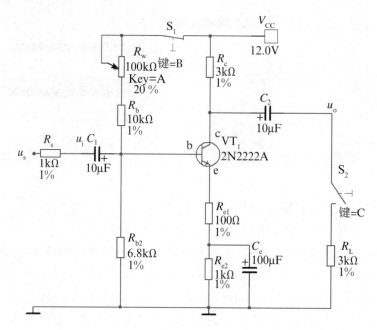

图 3.1.8　共发射极放大电路仿真电路

2. 调测静态工作点

(1)静态工作点测试电路准备

在已连接完成的图 3.1.8 所示电路的基础上,令 $u_s = 0$,并且接好电压表,如图 3.1.9 所示。电压表用于测量各点的静态电位。提取电压表的方法是:单击实际元器件库的"Indicators"图标,在"Family"栏中选"VOLTMETER"子类,在"Component"栏任选一种电压表,放于工作区合适位置。双击该电压表图标,在"Value"标签的"Model"栏设为 DC(直流挡)。开启仿真开关。

调测晶体管共发射极放大电路静态工作点的仿真实验视频

(2)连续按 Shift+A 键或 A 键改变电位器 R_w 的阻值,直到电压表测出发射极对地电位 U_E 为 1.5V 左右,此时已将电路的静态工作点调好。

(3)测得晶体管 VT_1 集电极对地电压 U_C 的值,计算 VT_1 集电极与发射极间的静态电压 U_{CE}。

(4)测量基极对地电位 U_B,计算 U_{BE}。

(5)用万用表测基极上偏置电阻 $R_{b1} = R_w + R_b$ 的值。注意,测该电阻时需要先停止仿真,并断开 S1A 开关。

提取万用表的方法是:在 Multisim 的仪表工具栏中,单击万用表(Multimeter),移动鼠标则可拖动仪器图标到电路工作区的适当位置。注意,需要通过双击万用表图标将其设定为欧姆挡。

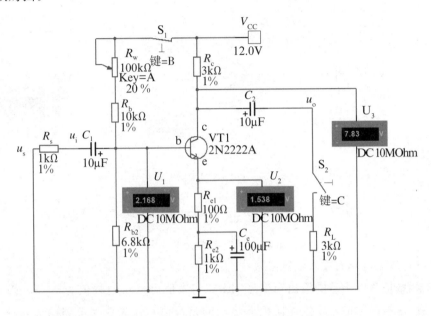

图 3.1.9 共发射极放大电路静态仿真测试

(6)将测试结果记录于表 3.1.1 内。静态工作点测试结束后,关仿真开关,并拆除放大电路输入信号 u_s 处所接的与地之间的导线。

表 3.1.1 静态工作点测量数据

仿真测量值				测量计算值		
U_E(V)	U_C(V)	U_B(V)	R_{b1}(kΩ)	U_{CE}(V)	U_{BE}(V)	I_C(mA)

3.调测电压放大倍数 A_u

(1)连接函数信号发生器、示波器和万用表

从 Multisim 的仪器仪表工具栏中调出函数信号发生器、双踪示波器和万用表放到电路工作区,将函数信号发生器接到电路的输入端 u_i,将双踪示波器接到放大电路的输入端和输出端。

测量晶体管共发射极放大电路电压放大倍数的仿真实验视频

其中,函数信号发生器有三个端口,左右两个端口分别是正、负极性电压输出端,中间端口是公共端,一般接地,本实验采用正极性电压输出。双踪示波器有三个端口,其中 A、B 是两路模拟信号输入端,现分别与电路的输入端、输出端相连,Ext. trigger 端是外触发信号输入端,本实验没有用到。仪器连接如图 3.1.10 所示。

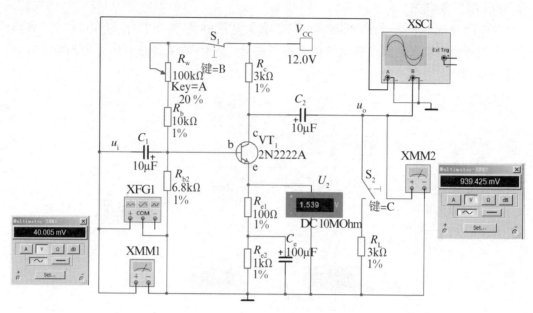

图 3.1.10　放大倍数测试

（2）设置放大电路的输入电压参数

设置函数信号发生器的输出频率为 1kHz、有效值为 40mV（峰值约 56.56mV）的正弦信号（注意，虚拟函数信号发生器面板上显示的是峰值），作为放大电路的 u_i 信号。开启仿真开关，电路开始仿真。

（3）测量放大电路空载时（即 $R_L = \infty$）的放大倍数

双击示波器，调整示波器的参数设置，得到清晰可辨的输入和输出稳定波形，如图 3.1.11所示。用示波器观察放大电路输出信号波形失真情况，如果输出信号有失真，应减少输入信号幅度。在输出不失真的条件下，用万用表的交流电压挡测量输入电压有效值 U_i 和输出电压的有效值 U_{oc}（也可以从虚拟示波器上直接读出输入电压和输出电压的幅值后再换算成有效值），根据测得的输入电压和输出电压的有效值计算电压放大倍数。将实验数据记入表 3.1.2。

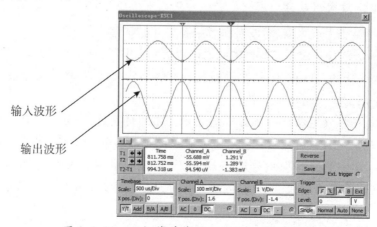

图 3.1.11　三极管单管放大器输入、输出波形

(4)按"C"键,合上开关 S_2,接上负载电阻 R_L($R_L=3k\Omega$),再测出带负载时的输出电压有效值 U_o,记入表 3.1.2,并计算出电压放大倍数,与无负载时的情况相比较。注意保持 U_i 幅度不变。

表 3.1.2　电压放大倍数测量数据表

U_i (mV)	有负载的情况,$R_L=$ _____		负载断开的情况,$R_L=\infty$	
	U_o(V)	A_u	U_{oc}(V)	A_u

4. 测量放大电路的输入电阻和输出电阻

(1)设置函数信号发生器的输出为频率 1kHz、有效值 40mV 的正弦信号,送到放大器的 R_s 前端作为 u_s 信号。连接成输入电阻和输出电阻测试电路,如图 3.1.12 所示。

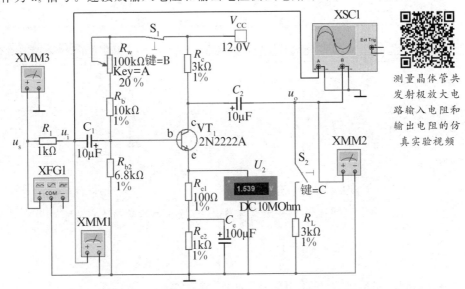

测量晶体管共
发射极放大电
路输入电阻和
输出电阻的仿
真实验视频

图 3.1.12　放大电路输入/输出电阻测试图

(2)开启仿真开关,启动仿真后分别测得 R_s 电阻前后两个电压值(有效值)U_s 和 U_i,便可根据实验 1.2 中式(1.2.7)计算出放大器的输入电阻 R_i。

(3)测得输出电压 U_{oc}($R_L=\infty$ 时)及 U_o($R_L=3k\Omega$ 时)的值,可由实验 1.2 中式(1.2.8)算得放大器输出电阻 R_o。

将所测结果记入表 3.1.3。

表 3.1.3　输入电阻、输出电阻测量数据

U_s (mV)	测输入电阻 R_i			测输出电阻 R_o			
	仿真测量值		测量计算值	仿真测量值			测量计算值
	U_i (mV)	R_s (kΩ)	R_i(kΩ)	U_o(V) (接 R_L 时)	U_{oc}(V) ($R_L=\infty$)	R_L (kΩ)	R_o(kΩ)

5.观测静态工作点设置不当引起的波形失真

开启仿真开关。通过调节静态工作点和 u_s 大小，使输出 u_o 足够大且刚好不失真，保持此时输入信号不变，改变 R_w 的阻值，用示波器可观察到因静态工作点调试不当所引起的失真波形，如图 3.1.13 所示。记录 u_o 失真波形并判别属于何种失真，测出饱和失真和截止失真情况下的 I_C 和 U_{CE} 的值，记入表 3.1.4。（注意测 I_C 和 U_{CE} 的值时，都要使 $u_s=0$）

观察静态工作点调试不当引起的放大电路输出波形失真的仿真实验视频

表 3.1.4 静态工作点调试不当时放大电路工作情况记录 (设 $R_L \to \infty$)

静态工作点		失真类型	工作状态	u_o 波形
I_C(mA)	U_{CE}(V)			

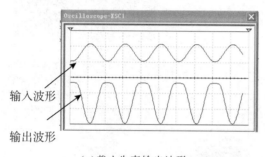

输入波形

输出波形

（a）截止失真输出波形

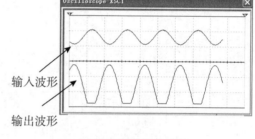

输入波形

输出波形

（b）饱和失真输出波形

图 3.1.13 放大电路截止/饱和失真时的输出波形

3.1.6 实验报告要求

（1）简述实验目的、电路组成及原理。

（2）整理和分析测量结果。

（3）讨论 R_L 及静态工作点对放大器电压放大倍数、输入电阻、输出电阻的影响。

（4）讨论静态工作点变化对放大器输出波形的影响。

（5）记录在放大电路调试和测量过程中出现的故障，分析产生故障的原因，总结排除故障的方法。

<table>
<tr><td>实
验

3.2</td><td>负反馈对放大电路性能影响仿真研究</td></tr>
</table>

3.2.1 实验目的

(1)学习用 Multisim 软件对负反馈放大电路进行仿真分析,加深理解负反馈对放大电路各项性能指标的影响。

(2)作为实验 1.5 的预习或复习。

3.2.2 实验原理和实验电路

实验原理同实验 1.5,实验电路见图 1.5.1。

3.2.3 预习要求

(1)阅读实验 1.5。

(2)掌握如图 1.5.1 所示的带有负反馈的两级阻容耦合放大电路工作原理。

(3)阅读 Multisim 14.0 软件的有关使用说明资料。

3.2.4 实验设备

实验设备包括计算机及 Multisim 14.0 软件。

3.2.5 实验内容

1.测量静态工作点

(1)在 Multisim 工作区窗口搭建如图 3.2.1 所示的静态工作点测试电路图。

(2)调节合适的静态工作点。开启仿真开关,连续按 Shift＋A 键或 A 键来改变电位

负反馈对放大
电路性能影响
的研究仿真实
验视频

167

器 R_{p1} 的阻值,改变第一级的静态工作点;连续按 Shift+Z 键或 Z 键来改变电位器 R_{p2} 的阻值,改变第二级的静态工作点。直到电压表(直流挡)测出三极管 VT_1、VT_2 发射极对地电位约为 1.5V 时,电路的静态工作点已基本调好。

(3)读出如图 3.2.1 中所示三极管的各点电位。记入表 3.2.1。

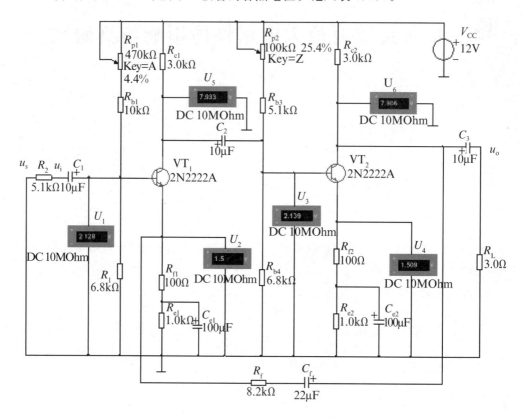

图 3.2.1 静态工作点测试电路

表 3.2.1 静态工作点数据

	仿真测量值			测量计算值		
	$U_E(V)$	$U_B(V)$	$U_C(V)$	$U_{BE}(V)$	$U_{CE}(V)$	$I_C(mA)$
第一级						
第二级						

(4)用 Multisim 的直流工作点分析(DC Operating Point)功能来得到电路静态工作点。进行静态分析时,Multisim 自动将电路分析条件设为电感、交流电压源短路,电容开路。具体步骤如下:

①单击菜单栏中"Options"→"Sheet Properties"命令(或在电路工作区窗口空白处单击右键,在弹出的快捷菜单中单击"Properties"),在"Sheet visibility"标签中的"Net Names"对话框中选"Show All",单击"OK"后,可以看到电路中已显示各节点的编号。

②单击菜单栏中"Simulate"→"Analyses and simulation"→"DC Operating Point"命

令,弹出如图 3.2.2 所示的对话框。其左边列出了所有可供分析的节点,对于图 3.2.1 所示的放大电路的静态工作点,主要关注基极、集电极和发射极电位,故选择三极管 VT_1 的 b 极、c 极、e 极,VT_2 的 b 极、c 极、e 极所在的节点为输出节点的分析对象,把这些节点分别选中后逐个加入到右边。例如,图 3.2.2 中的 $V(4)$、$V(8)$、$V(9)$分别表示 VT_1 的 b、c、e 各极的电位,$V(11)$、$V(12)$、$V(13)$分别表示 VT_2 的 b、c、e 各极的电位。

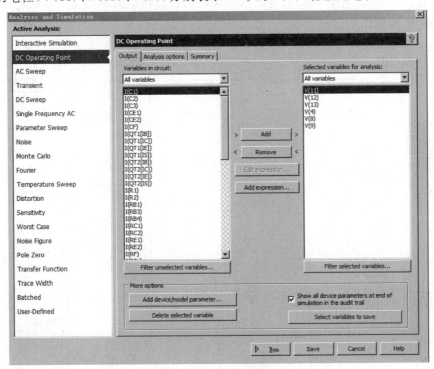

图 3.2.2　直流工作点的输出节点

③单击图 3.2.2 所示对话框右下方的"Run"按钮,开始进行仿真分析。仿真结果如图 3.2.3 所示。

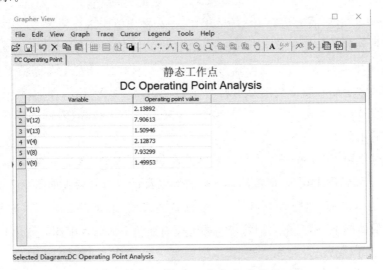

图 3.2.3　静态工作点仿真结果

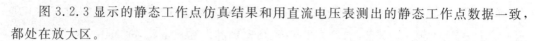

图 3.2.3 显示的静态工作点仿真结果和用直流电压表测出的静态工作点数据一致，都处在放大区。

调测完成后保存电路图。

2. 调测基本放大电路的各项动态性能指标

（1）在 Multisim 工作区窗口，将图 3.2.1 所示负反馈电路改接成不带负反馈的基本放大电路，并将所需的虚拟示波器、虚拟万用表和虚拟信号发生器接入电路，完成如图 3.2.4 所示的基本放大电路动态仿真电路。

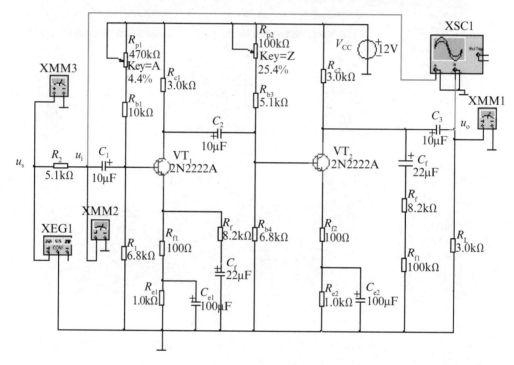

图 3.2.4　基本放大电路动态仿真电路图

（2）测量中频电压放大倍数 A_u、输入电阻 R_i 和输出电阻 R_o。

双击虚拟函数信号发生器 XFG1 图标，在弹出的仪器面板上设置 $f=1\text{kHz}$，有效值约 15mV（峰值约 21.21mV）的正弦波信号（注意，虚拟函数信号发生器面板上显示的是峰值），输入到放大电路。双击数字万用表 XMM1、XMM2 和 XMM3 图标，将其设为交流电压挡。完成设置后的情况如图 3.2.5 所示。如果想恢复为仪器图标，只需单击图 3.2.5 所示的面板右上角的×按钮。

断开负载电阻 R_L（注意 R_{fl2} 不要断开），开启仿真开关后，双击示波器 XSC1 图标，显示输入电压 u_i 和输出电压 u_o 的波形，u_i、u_o 波形以及示波器的设置如图 3.2.6 所示，图中上方的为 A 通道波形，即输入波形，下方的为 B 通道波形，即输出波形。在输出电压 u_o 波形不失真的情况下，用万用表测量信号源电压有效值 U_s、输入电压有效值 U_i、空载时的输出电压有效值 U_{oc}，记入表 3.2.2。

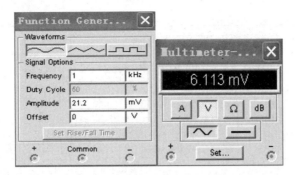

图 3.2.5　函数信号发生器的设置和数字万用表测电压设置

表 3.2.2　动态参数测量数据

	仿真测量值				测量计算值		
基本放大器	U_s (mV)	U_i (mV)	U_o (V)	U_{oc} (V)	A_u (接有 R_L 时)	R_i (kΩ)	R_o (kΩ)
负反馈放大器	U_s (mV)	U_i (mV)	U_o (V)	U_{oc} (V)	A_{uf} (接有 R_L 时)	R_{if} (kΩ)	R_{of} (kΩ)

保持 U_s 不变，关闭仿真开关，接上负载 R_L(3kΩ)后再仿真，测量输出电压有效值 U_o，记入表 3.2.2。也可以根据虚拟示波器上显示的波形，读出各点电压幅值。

计算出 A_u、R_i、R_o，记入表 3.2.2，计算方法可参见实验 1.2 中的相关内容。

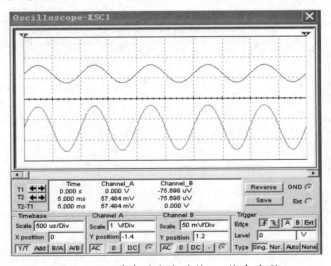

图 3.2.6　基本放大电路输入、输出波形

(3)测量通频带 BW

接上 R_L，移去示波器，从仪器仪表栏提取波特图示仪(Bode plotter)接入电路，如图 3.2.7 所示。

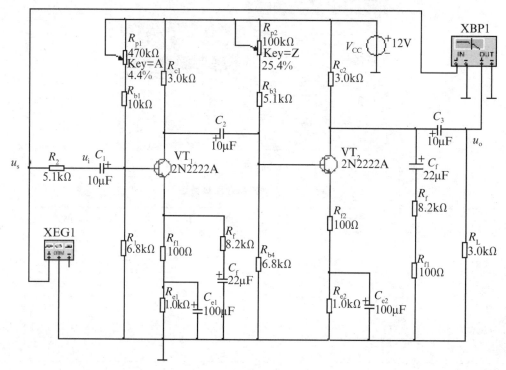

图 3.2.7　基本放大电路频率响应测试图

开启仿真开关，双击波特图示仪图标，在弹出的面板上设置合适的参数。设置完成后在图形显示区会显示如图 3.2.8 所示的基本放大电路的幅频响应曲线（图中图形显示区中的垂直线是读数指针）。

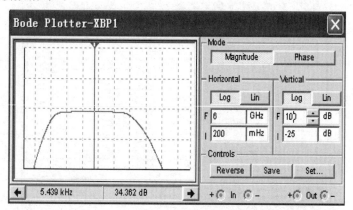

图 3.2.8　基本放大电路的频率响应曲线

拉动图形显示区中的读数指针，将其置于曲线的平坦段，这时图形显示区中下方显示出读数指针与幅频率特性曲线的交点对应的频率和增益。用读数指针读出基本放大电路的中频段增益，将测得的中频增益减去 3dB，即为该放大电路的上、下限频率点对应的增益，再移动读数指针分别至这两个增益点，读出对应的基本放大器的上限频率 f_H 和下限频率 f_L，计算出通频带 $BW = f_H - f_L$。将结果记入表 3.2.3。

表 3.2.3　通频带 BW 测量数据表

	$f_L(kHz)$	$f_H(kHz)$	$BW(kHz)$
基本放大电路			
负反馈放大电路			

测试完成后注意保存电路图,方便在后几步实验中调用。

3. 测试负反馈放大电路的各项动态性能指标

将实验电路改接为图 3.2.9 所示的带负反馈(R_f 支路)的放大电路动态仿真电路。

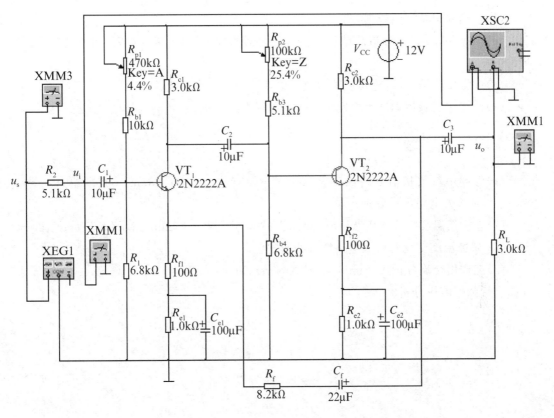

图 3.2.9　负反馈放大电路动态仿真电路

u_s 取 $f=1kHz$,有效值约 15mV 的正弦信号。启动仿真开关,在输出波形不失真的情况下,重复实验内容 2 中的步骤。测量负反馈放大电路的信号源电压 U_s、输入电压 U_i、空载时的输出电压 U_{oc}、接上负载 R_L(3kΩ)后的输出电压 U_o,计算出 A_u、R_i 和 R_o,记入表 3.2.2 。用波特图示仪测出 f_L 和 f_H,计算 BW。记入表 3.2.3。测试完成后保存电路图。

比较表 3.2.2 和表 3.2.3 中基本放大电路的数据和负反馈放大电路的数据。分析负反馈对放大电路动态性能指标的影响。

4.观察负反馈对非线性失真的改善

(1)调出如图 3.2.4 所示的电路文件(基本放大电路形式)。在输入端加入频率 $f=$ 1kHz 的正弦电压信号,保持输入电压的频率不变,逐渐增大输入电压的幅值,直至输出波形开始出现失真,记下此时输出电压的波形和幅值。

(2)按如图 3.2.9 所示电路改接成负反馈放大电路形式,输入信号不变,观察比较输出波形的变化。

3.2.6 实验报告要求

(1)整理并记录实验数据。

(2)根据仿真结果,分析总结负反馈对放大器的放大倍数、输入电阻、输出电阻、通频带的影响。

(3)根据实验结果,讨论负反馈对放大电路非线性失真的改善作用。

(4)简述在实验仿真过程中遇到的问题和解决的方法。

3.2.7 思考题

(1)怎样用参数扫描分析法("Simulate"→"Analysis and simulation"→"Parameter Sweep")对放大电路进行分析?

(2)怎样用温度扫描分析法("Simulate"→"Analysis and simulation"→"Temperature Sweep")研究温度变化对放大电路性能的影响?

(3)怎样用交流分析法(Simulate→"Analysis and simulation"→"AC Sweep")对放大电路进行频率响应分析?

实验

3.3

差分放大电路仿真实验

3.3.1　实验目的

(1)学习用 Multisim 软件对差分放大电路进行仿真分析,加深对差分放大电路性能及特点的理解。

(2)掌握差分放大器主要性能指标的测试方法。

(3)作为实验 1.4 的预习或复习。

3.3.2　实验原理和实验电路

实验原理同实验 1.4,实验电路参见图 1.4.1。

3.3.3　预习要求

(1)阅读实验 1.4。

(2)理解如图 1.4.1 所示的差分放大电路工作原理。

(3)根据实验电路参数,估算典型差分放大电路和具有恒流源的差分放大电路的静态工作点及差模电压放大倍数(设 $\beta_1=\beta_2=100$)。

(4)实验中怎样获得双输入差模信号?怎样获得共模信号?分别画出这两种情况下 A、B 端与信号源之间的连接图。

(5)阅读 Multisim 14.0 软件的有关使用说明资料。

3.3.4　实验设备

安装有 Multisim 软件的计算机一台。

3.3.5 实验内容

1.典型差分放大电路性能测试

（1）调测静态工作点

根据实验 1.4 中的原理图 1.4.1，在 Multisim 工作区窗口搭建好如图 3.3.1所示的实验电路，开关 K 拨向左边构成典型差分放大电路。

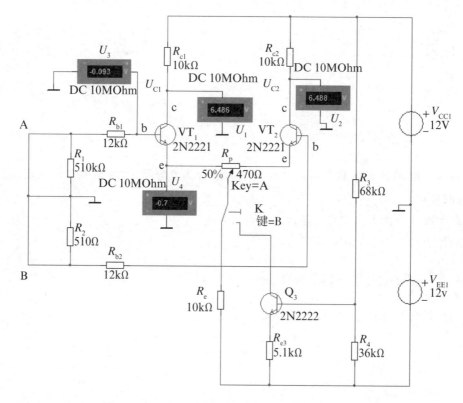

图 3.3.1　静态工作点调测电路图

①调节放大电路零点。把放大电路输入端 A、B 与电路的"地"短接，即信号源不接入。用万用表直流电压挡或电压表直流电压挡或其他可行的方法（如直流工作点分析法、探针数据显示法等）测量晶体管 VT_1 和 VT_2 集电极静态电位 U_{C1} 和 U_{C2}，调节调零电位器 R_p，使 $U_O = U_{C1} - U_{C2} \approx 0$（即 $U_{C1} \approx U_{C2}$）。

②测量静态工作点。零点调好以后，保持电位器 R_p 不变。测量 VT_1、VT_2 管各电极静态直流电位，发射极电阻 R_e 两端直流电压 U_{Re}，集电极电流 I_{C1} 和 I_{C2}，记入表 3.3.1。

静态工作点调测完成后，需将原来连接放大器输入端 A、B 与电路"地"间的短接线拆除，以便进行接下来的放大倍数调测。

表 3.3.1 静态工作点数据

仿真测量值	U_{C1}（V）	U_{B1}（V）	U_{E1}（V）	U_{C2}（V）	U_{B2}（V）	U_{E2}（V）	U_{Re}（V）
仿真测量值	U_{CE1}（V）	U_{BE1}（V）	U_{CE2}（V）	U_{BE2}（V）	I_{C1}（mA）	I_{C2}（mA）	I_{Re}（mA）
理论估算							

（2）测量差模电压放大倍数

测量差模电压放大倍数的实验接线如图 3.3.2 所示。

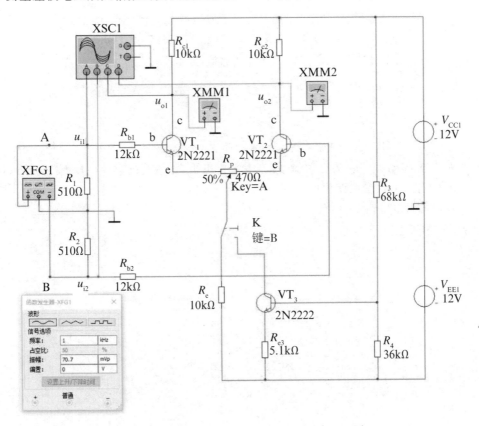

图 3.3.2 测量差模电压放大倍数的实验接线

调节函数信号发生器，产生频率 $f=1\text{kHz}$、有效值为 50mV、相位互为相反的两路正弦信号，分别接到放大器输入 A、B 端，使差分放大电路构成双端输入方式。此时，由于 u_{i1} 和 u_{i2} 大小相等，相位相反，因此差模信号有效值 $U_{id}=U_{i1}+U_{i2}=100\text{mV}$，其中，$U_{i1}$、$U_{i2}$ 分别表示 u_{i1}、u_{i2} 的有效值。

用四通道示波器分别观察放大电路两个输入端信号 u_{i1} 和 u_{i2} 以及两个输出端信号 u_{O1} 和 u_{O2}。如图 3.3.3 所示，观察 u_{i1}、u_{i2}、u_{O1}、u_{O2} 交流分量之间的相位关系。

用万用表交流电压挡或电压表交流挡测量输出电压 u_{O1} 和 u_{O2} 交流分量的有效值

U_{o1}、U_{o2}，由于 u_{O1}、u_{O2} 交流分量互为反相，因此双端输出电压 $u_o = u_{O1} - u_{O2}$ 的有效值 $U_o = U_{o1} + U_{o2}$，记入表 3.3.2。

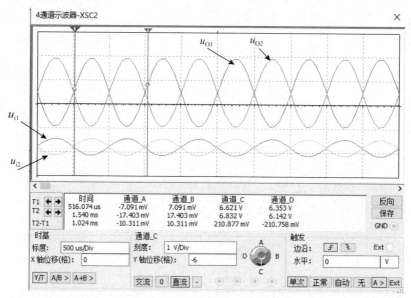

图 3.3.3　双端差模输入时的 u_{i1}、u_{i2}、u_{o1} 和 u_{o2} 的波形

增大或减小 $u_{i1} = -u_{i2}$ 的有效值，观察发射极电阻 R_e 两端的直流电压 U_{Re} 随输入电压 $u_{i1} = -u_{i2}$ 的有效值改变而变化的情况。

（3）测量共模电压放大倍数

测量共模电压放大倍数的实验接线如图 3.3.4 所示。

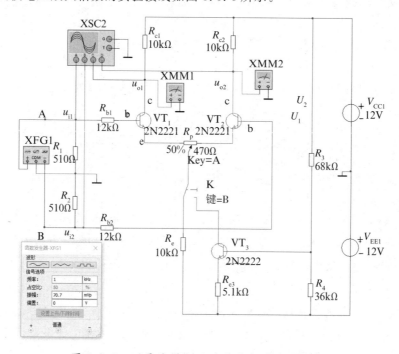

图 3.3.4　测量共模电压放大倍数的实验接线

将差分放大器 A、B 短接，信号源接 A 端与地之间，构成共模输入方式，输入信号（$u_{i1}=u_{i2}$）设置为频率 1kHz、有效值 1V 的正弦电压信号。此时，由于 u_{i1} 和 u_{i2} 大小相等，相位相同，因此共模信号有效值 $U_{ic}=U_{i1}=1V$，其中，U_{i1} 为 u_{i1} 的有效值。

用四通道示波器分别观察放大电路输入端信号 u_{i1} 以及两个输出端信号 u_{O1} 和 u_{O2} 的波形。在输出电压无失真的情况下，用万用表交流电压挡测量输出电压有效值 U_{o1}，U_{o2}，记入表 3.3.2。由于 u_{o1} 和 u_{o2} 的交流分量是同相位的，如图 3.3.5 所示，因此根据测得的 U_{o1} 和 U_{o2} 可计算双端输出电压 $u_o=u_{O1}-u_{O2}$ 的有效值 $U_o=|U_{o1}-U_{o2}|$，将计算结果记入表 3.3.2。

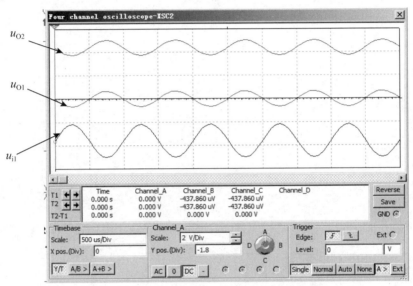

图 3.3.5　共模输入时的 u_{i1}、u_{o1}、u_{o2} 的波形

增大或减小 u_{i1} 的有效值，观察发射极电阻 R_e 两端的直流电压 U_{Re} 随输入电压有效值改变而变化的情况。

（4）计算共模抑制比 K_{CMR}

通过公式（3.3.1）计算，记入表 3.3.2。

$$K_{CMR}=\left|\frac{A_{d1}}{A_{C1}}\right| \tag{3.3.1}$$

2. 具有恒流源的差分放大电路性能测试

将图 3.3.2 和图 3.3.4 电路中开关 K 拨向右边，构成具有恒流源的差动放大电路。重复实验内容 1 中的（2）—（4）的要求，记入表 3.3.2。

具有恒流源的
差分放大电路
性能测试仿真
实验视频

表 3.3.2 动态参数测量数据表

	典型差分放大电路		具有恒流源的差分放大电路	
	双端差模输入	共模输入	双端差模输入	共模输入
U_{i1}	50mV	1 V	50mV	1 V
U_{i2}	50mV	/	50mV	/
U_{o1}				
U_{o2}				
U_o				
$A_{d1} = \dfrac{U_{o1}}{U_{id}}$		/		/
$A_d = \dfrac{U_o}{U_{id}}$		/		/
$A_{c1} = \dfrac{U_{o1}}{U_{ic}}$	/		/	
$A_c = \dfrac{V_o}{V_i}$	/		/	
$K_{CMR} = \left\| \dfrac{A_{d1}}{A_{C1}} \right\|$				

3.3.6 实验报告要求

(1)明确实验目的,叙述实验原理。

(2)整理实验数据,比较仿真结果和理论估算值,分析误差原因。

①根据实验电路,比较静态工作点的仿真测量值与理论估算值。

②差模电压放大倍数的仿真值与理论估算值的比较。

③典型差动放大电路单端输出时 K_{CMR} 的仿真测量值与具有恒流源的差动放大器 K_{CMR} 仿真值的比较。

④记录 u_{i1}、u_{o1}、u_{o2} 的波形,并比较这三个电压之间的相位关系。

(3)根据实验结果,总结电阻 R_e 和恒流源的作用。

3.3.7 思考题

差模输入时,双端输出电压有效值 U_o 与两个单端输出电压有效值 U_{o1}、U_{o2} 之间的数量关系是什么样的? 共模输入时,又有何不同?

仪表放大器仿真实验

3.4.1　实验目的

(1)学习用 Multisim 软件对仪表放大器进行仿真分析,加深对仪表放大器性能及特点的理解。

(2)掌握三运放仪表放大器电压放大倍数的测试方法。

(3)掌握集成仪表放大器的基本应用。

3.4.2　实验原理

仪表放大器
分析视频

在需要放大微弱差分电压信号的场合,例如在称重装置中,放大电路的任务是将称重传感器输出的毫伏级微弱差分电压信号放大到几伏,对放大电路的要求是高输入电阻和高的增益、低的输出电阻。此时可以用图 3.4.1 所示的由三个集成运算放大器组成的仪表放大器,A_1、A_2 各组成同相放大电路,A_3 组成减法运算电路。接下来将运用虚短和虚断概念分析输出电压与输入电压的关系。

根据虚短有 $u_{1-}=u_{1+}=u_{i1}$ 和 $u_{2-}=u_{2+}=u_{i2}$;根据虚断,有

$$i_{R1}=i_{R2}$$

$$\frac{u_{o1}-u_{o2}}{R_1+2R_2}=\frac{u_{1-}-u_{2-}}{R_1}=\frac{u_{i1}-u_{i2}}{R_1} \tag{3.4.1}$$

而

$$u_o=\frac{R_4}{R_3}(u_{o2}-u_{o1}) \tag{3.4.2}$$

将式(3.4.1)代入式(3.4.2)后得到

$$u_o=\frac{R_4}{R_3}\left(1+\frac{2R_2}{R_1}\right)(u_{i2}-u_{i1}) \tag{3.4.3}$$

仪表放大器的特点是共模抑制比很高,而且由于输入级为同相比例电路,所以输入电

阻非常高,再者,由于输出级的电压负反馈作用,输出电阻很小。若将运放视为理想器件的话,该电路的输入电阻为无穷大,输出电阻为零。

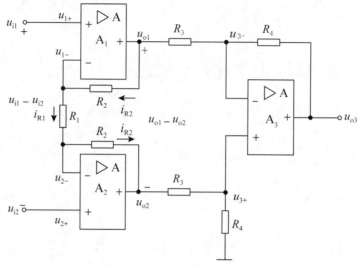

图 3.4.1　由三运放组成的仪用放大器

如图 3.4.1 所示电路中的集成运算放大器有多种型号可选,选什么样的型号,根据仪表放大器精度、增益大小、单电源还是双电源、电源电压范围、功耗、封装、尺寸、价格等各方面的要求确定。由于仪表放大器通常应用于需要对差分微弱信号进行精密放大的场合,所以其运放一般选用高精度、低漂移的专用运放。本实验选用 OP07 运放。OP07 芯片是一种低噪声、高开环增益、高增益精度、高共模抑制比、非斩波稳零的双极型集成运算放大器,其具有的非常低的输入失调电压和低的失调电压漂移使得其在多数应用场合不需要外接调零电路。这种低失调、高开环增益的特性使得 OP07 特别适用于高增益的测量设备和放大传感器的微弱信号等方面。同时,它还具有电源电压范围宽(± 3V$\sim$$\pm 22$V)、贴片和双列直插两种封装形式可选,以及价格低等优势。

实验中,通常采用集成仪表放大器,集成仪表放大器型号很多,不断有新产品推出,有单电源工作模式的,有双电源工作模式的,有的是固定增益,有的是可选增益,不同的型号有不同的失调电压、功耗和精密程度,以及不同的封装类型和尺寸等,用户根据实际电路各技术指标需要,综合考虑性价比进行选择。例如,新产品 INA351 是一款成本和尺寸经优化的低功耗可选增益的精密仪表放大器,电源电压范围为 1.8$\sim$5.5V,其输出可直接连接到低速 10 位至 14 位模数转换器,采用的是经典三运放架构,但在基准输入端接有内部电压跟随器组成的缓冲器。由于 Multisim 元器件库中尚没有 INA351,所以在本实验项目中选用 AD620 进行仿真实验,AD620 是一种改进的三运放仪表放大器集成芯片,其最大工作电流为 1.3mA,输入失调电压最大为 50μV,输入失调漂移最大为 0.6μV/℃,共模抑制比 93dB,电源电压范围宽(± 2.3V$\sim$$\pm 18$V),增益范围可调,且调节方便,噪声低,共模抑制比高,精度高,特别适合放大微弱信号。仅需要一个外部电阻 R_G 接在 1 脚和 8 脚之间即可调节电压增益。电压增益计算公式如下。

$$G = \frac{49.4\mathrm{k}\Omega}{R_G} + 1 \tag{3.4.4}$$

式中:G 的可调范围在 1 到 10000 之间。AD620 采用 8 引脚 SOIC 和 DIP 封装,各个引脚排列和功能如图 3.4.2 所示,其中:

1 脚和 8 脚:外接电阻端,用于增益调节。

2 脚:反相输入端。

3 脚:同相输入端。

4 脚:接负电源端。

5 脚:失调误差调节(基准输入端)。

6 脚:输出端。

7 脚:接正电源端。

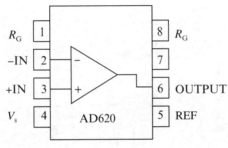

图 3.4.2　AD620 引脚配置图

3.4.3　预习要求

(1)掌握图 3.4.1 所示由三运放组成的仪表放大器的电路结构、工作原理和特点。

(2)查阅 OP07 集成运算放大器芯片的数据手册,了解其主要参数值和各引脚功能。

(3)查阅 AD620 芯片的数据手册,了解其主要参数值和各引脚功能。

3.4.4　实验设备

安装有 Multisim 软件的计算机一台。

3.4.5　实验内容

1. 用三运放组成的仪表放大器放大温度传感器输出的差模信号

(1)在 Multisim 仿真软件中创建电路

按图 3.4.3 搭建实验电路,图中 U_4 和 U_5 为直流电压表,用于测量仪表放大器的输入和输出电压,也可以用万用表;$U_1 \sim U_3$ 为集成运算放大器,选 OP07DP 芯片,也可以选择其他合适型号的运放芯片。设电源电压为 +12V 和 −12V,根据图 3.4.3 所示电阻的取值以及式(3.4.3)可计算出差模电压放大倍数的理论值:

$$A_{ud} = \frac{10\text{k}\Omega}{10\text{k}\Omega}\left(1 + \frac{2 \times 10\text{k}\Omega}{680\Omega}\right) \approx 30.4$$

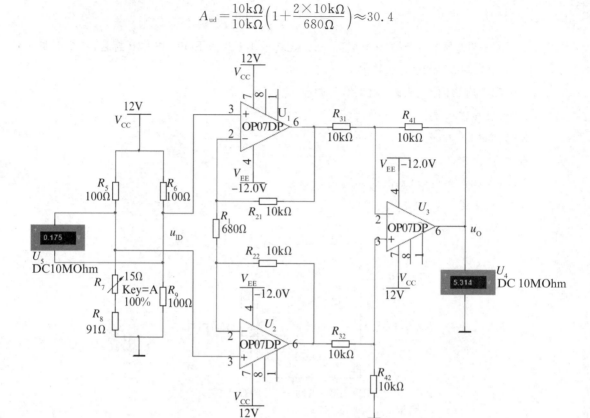

图 3.4.3　三运放组成的仪表放大器仿真电路图

如图 3.4.3 所示电路中,由 $R_5 \sim R_9$ 组成的电桥用于模拟一种温度传感器电路。在实际电路中,R_7 和 R_8 为桥臂接热电阻,例如,用 RT100 代替 R_7 和 R_8。在温度 0℃ 时,RT100 电阻值为 100Ω,在温度 $-23 \sim 15$℃ 变化时,RT100 电阻值在 90.98Ω 至 105.85Ω 之间线性变化。在图 3.4.3 所示电路中,当 R_7 从最小值变化到最大值时,$R_7 + R_8$ 的值从 90.98 到 105.85Ω 间线性变化,也就是 $R_7 + R_8$ 电阻值的变化可以模拟 RT100 热电阻当温度在 $-23 \sim 15$℃ 范围内变化时的阻值变化,因此由 $R_5 \sim R_9$ 组成的电桥可用于模拟 $-23 \sim$ 15℃ 范围内的温度检测传感器电路。

(2)测量输出电压与输入电压的关系以及差模电压放大倍数

打开仿真开关,电位器 R_7 取最小至最大的若干值,测量对应的输入差模电压 u_{ID} 和输出电压 u_{O},记入表 3.4.1。

表 3.4.1　三运放仪表放大器仿真测量结果

u_{ID}(mV)	$u_{\text{iDmin}}=$____			0			$u_{\text{IDmax}}=$____
u_{O}(V)仿真测量值							
u_{O}(V)理论值			0				

根据表 3.4.1 测得的数据,分别绘制测得的输出电压 u_O 随输入差模电压 u_{ID} 变化的关系曲线。从关系曲线求坐标原点附近的差模电压放大倍数 $A_{ud} = $ _____,并与理论值比较。

2. 用集成仪表放大器放大温度传感器输出的差模信号

(1)在 Multisim 仿真软件中创建电路

按图 3.4.4 搭建实验电路,根据图中电阻 R_G 的取值以及式(3.4.4)可计算出差模电压放大倍数的理论值为(49400/1690)+1≈30.2。

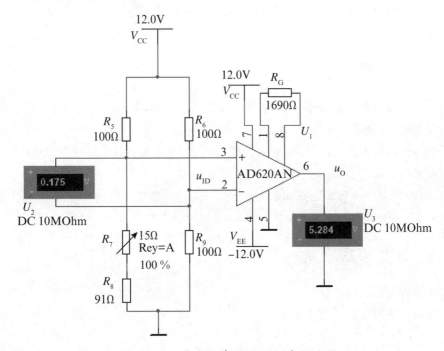

图 3.4.4　集成仪表放大器仿真电路图

(2)测量输出电压与输入电压的关系以及差模电压放大倍数

打开仿真开关,电位器 R_7 取最小至最大的若干值,测量对应的输入差模电压 u_{ID} 和输出电压 u_O,记入表 3.4.2。

表 3.4.2　集成仪表放大器仿真测量结果

u_{ID} (mV)	$u_{iDmin} = $ ___			0			$u_{IDmax} = $ ___
u_O (V)仿真测量值							
u_O (V)理论值			0				

根据表 3.4.2 测得的数据,分别绘制测得的输出电压 u_O 随输入差模电压 u_{ID} 变化的关系曲线,并与上述实验内容 1 中测得的三运放仪放大器的 $u_O \sim u_{ID}$ 关系曲线进行比较,比较它们的线性度和精确度。从关系曲线求坐标原点附近的差模电压放大倍数 $A_{ud} = $ _____,并与理论值比较。

3.4.6 实验报告撰写要求

(1)实验目的。

(2)实验原理。

(3)实验内容。

(4)数据、图表等记录及分析。

(5)实验所用的设备型号、规格和数量以及主要电子元器件列表。

(6)总结实验中出现的问题,提出解决办法、意见和建议等。

(7)总结实验注意事项。

3.4.7 思考题

(1)人体体温计的测温范围一般为35～42℃,请问如图3.4.3和图3.4.4所示电路能否检测35～42℃范围内的温度?

(2)仿真测得的输出电压u_O随输入差模电压u_{ID}变化的关系是过原点的直线吗?

(3)AD620的第5引脚起什么作用?可以悬空吗?

(4)OP07的引脚1和8之间如果要接调零电位器,则要如何连接?接多大阻值的电位器?

3.4.8 注意事项

(1)运放各引脚正确连接。

(2)运放的正负电源极性不能接反。

实验

3.5

电压比较器及应用仿真实验

3.5.1　实验目的

(1)能用 Multisim 软件对由运放组成的单门限电压比较器、迟滞电压比较器、窗口比较器进行仿真分析,加深对电压比较器性能及特点的理解。

(2)能用 Multisim 软件分析集成电压比较器组成的窗口比较器。

3.5.2　实验原理

电压比较器是一个将输入的模拟电压与参考电压进行比较,用输出的高低两种电平来表示比较的结果。电压比较器广泛应用于报警电路、自动控制、电子测量、信号产生和变换以及模数转换等场合。电压比较器有单门限电压比较器、迟滞电压比较器和窗口比较器,迟滞电压比较器和窗口比较器都有 2 个门限电压,因此都属于双门限电压比较器。电压比较器可以用集成运算放大器组成,也可以用专用集成电压比较器组成。

1.用集成运算放大器组成的电压比较器

在本实验中,集成运算放大器可选用 $\mu A741$,也可选用其他高性价比的运放。$\mu A741$ 的管脚排列和含义参见实验 1.6。

(1)单门限电压比较器

将集成运算放大器的两个输入端中的一端接输入信号 u_1,另一端接参考电压 U_{REF},就构成了单门限电压比较器。根据输入信号 u_1 接到集成运放的同相输入端还是反相输入端,单门限电压比较器分为同相单门限电压比较器和反相单门限电压比较器。

①同相单门限电压比较器

如图 3.5.1(a)所示电路是同相单门限电压比较器,运放工作在开环状态,当 $u_1 > U_{REF}$ 时,集成运放处于正饱和区,输出电压为高电平,$u_O = U_{OH}$;当 $u_1 < U_{REF}$ 时,运放处于负饱和区,输出电压为低电平,$u_O = U_{OL}$,根据集成运放的电压传输特性,可以绘制电压传输特

性曲线,如图 3.5.1(b)所示。输出高电平 U_{OH} 是比正电源电压 V_{CC} 略小的值,输出低电平 U_{OL} 的绝对值略小于负电源电压 $-V_{EE}$ 的绝对值,如果集成运放是单电源供电的,那么 U_{OL} 约等于 0。

使得比较器输出电压从一个电平跳变到另一个电平时相应的输入电压 u_i 称为比较器的阈值电压或门限电压,记为 U_{TH},对于图 3.5.1(a)所示电路,$U_{TH} = U_{REF}$。当 $U_{REF} = 0$ 时的单门限比较器称为过零比较器,过零比较器的 $U_{TH} = 0$。

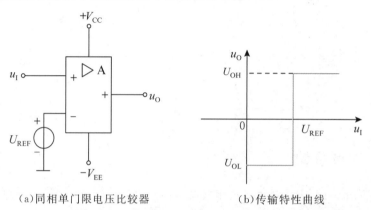

(a)同相单门限电压比较器   (b)传输特性曲线

图 3.5.1   同相单门限电压比较器及其电压传输特性曲线

实际使用时,为了获得合适的输出电压,通常在比较器输出端加上稳压管限幅电路。

单门限电压比较器应用广泛,例如可用于波形变换电路、报警电路、脉冲宽度调制电路(PWM)等。

如图 3.5.2 所示电路就是利用单门限电压比较器产生 PWM 信号的电路。其中,同相端加上了输入信号(以正弦波电压为例),反相端加上了一个更高频率的三角波。PWM 是将输入信号转换为一系列脉冲的过程,脉冲宽度与输入信号的幅度成比例变化,当输入信号幅度为正时,输出脉冲的高电平宽度较宽;而输入信号幅度为负时,输出脉冲的宽度较窄。如果输入为 0,则输出是一个方波。

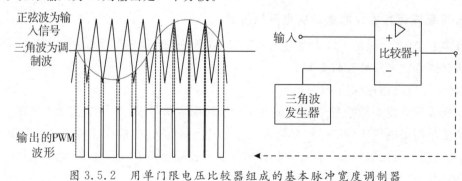

图 3.5.2   用单门限电压比较器组成的基本脉冲宽度调制器

②反相单门限电压比较器

如图 3.5.3(a)所示电路是反相单门限电压比较器,其电压传输特性如图 3.5.3(b)所示。门限电压 $U_{TH} = U_{REF}$。

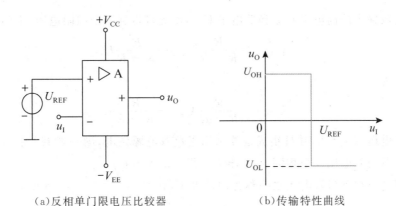

（a）反相单门限电压比较器　　　　（b）传输特性曲线

图 3.5.3　反相单门限电压比较器及其传输特性曲线

单门限电压比较器电路简单，但抗干扰性较差，要想提高电压比较器的抗干扰性能，需要用到迟滞电压比较器。

（2）迟滞电压比较器

迟滞电压比较器也有反相迟滞电压比较器和同相迟滞电压比较器两种。

①反相迟滞电压比较器

如图 3.5.4 所示电路为反相迟滞电压比较器，输入电压 u_i 通过电阻 R_1 送到运放的反相输入端，R_f 构成正反馈。比较器的分析方法一般是先求出门限电压，再画出电压传输特性曲线。

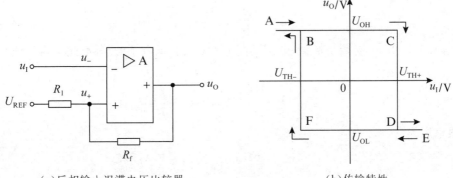

（a）反相输入迟滞电压比较器　　　　（b）传输特性

图 3.5.4　反相输入迟滞电压比较器及其传输特性曲线

设集成运放是理想的，则运放输入端的电流视作"虚断"，所以 R_1 和 R_f 可视作串联，由叠加定理可得同相输入端的电位为

$$u_+ = \frac{R_f}{R_1+R_f}U_{REF} + \frac{R_1}{R_1+R_f}u_o \tag{3.5.1}$$

而反相输入端的电位为

$$u_- = u_i$$

所以，当 $u_- = u_i < u_+$ 时，输出高电平，即 $u_O = U_{OH}$，当 $u_i > u_+$ 时，输出低电平，即 $u_O = U_{OL}$，根据门限电压的概念，式（3.5.1）所示的 u_+ 即为门限电压 U_{TH}。由于 u_o 有两个取值，分

别是集成运放输出的高电平 U_{OH} 和低电平 U_{OL}，由此可得到两个门限电压，上门限电压

$$U_{TH+}=\frac{R_f}{R_1+R_f}U_{REF}+\frac{R_1}{R_1+R_f}U_{OH} \tag{3.5.2}$$

下门限电压为

$$U_{TH-}=\frac{R_f}{R_1+R_f}U_{REF}+\frac{R_1}{R_1+R_f}U_{OL} \tag{3.5.3}$$

当参考电压 $U_{REF}=0$，并且集成运放采用正负双电源供电，则一般有 $U_{OL}=-U_{OH}$，上门限电压和下门限电压大小相同，极性相反，即 $U_{TH-}=-U_{TH+}$。

上门限电压和下门限电压之差称为回差电压，其为

$$\Delta U_{TH}=U_{TH+}-U_{TH-}=\frac{R_1}{R_1+R_f}\times(U_{OH}-U_{OL}) \tag{3.5.4}$$

②同相迟滞电压比较器

将图 3.5.4(a)所示的反相输入迟滞电压比较器中的参考电压和输入电压位置互换，就构成了同相迟滞比较器，此时集成运放同相端的电位为

$$u_+=\frac{R_1u_0}{R_1+R_f}+\frac{R_fu_1}{R_1+R_f} \tag{3.5.5}$$

当 $u_+=u_-=U_{REF}$ 时，对应的输入电压 u_1 即为比较器的门限电压，所以，通过令

$$\frac{R_1u_0}{R_1+R_f}+\frac{R_fU_{TH}}{R_1+R_f}=U_{REF} \tag{3.5.6}$$

可求得门限电压 U_{TH}：

$$U_{TH}=-\frac{R_1}{R_f}u_0+\left(1+\frac{R_1}{R_f}\right)U_{REF} \tag{3.5.7}$$

式(3.5.7)中 u_0 有两个取值，分别是高电平 U_{OH} 和低电平 U_{OL}，由此可得到两个门限电压，上门限电压为

$$U_{TH+}=-\frac{R_1}{R_f}\times U_{OL}+\left(1+\frac{R_1}{R_f}\right)U_{REF} \tag{3.5.8}$$

下门限电压为

$$U_{TH-}=-\frac{R_1}{R_f}\times U_{OH}+\left(1+\frac{R_1}{R_f}\right)U_{REF} \tag{3.5.9}$$

回差电压为

$$\Delta U_{TH}=U_{TH+}-U_{TH-}=\frac{R_1}{R_F}\times(U_{OH}-U_{OL}) \tag{3.5.10}$$

在图 3.5.5(a)电路中，若设集成运放电源电压为正负双电源 $+V_{CC}$、$-V_{EE}$ 供电，且 $V_{CC}=V_{EE}$，则有 $U_{OL}=-U_{OH}$，$U_{TH-}=-U_{TH+}$，相应的电压传输特性如图 3.5.5(b)所示。

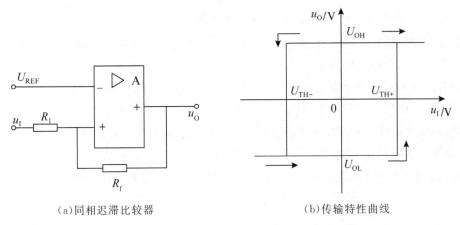

（a）同相迟滞比较器　　　　　　　　（b）传输特性曲线

图 3.5.5　同相迟滞比较器及其传输特性曲线

（3）窗口比较器

单门限比较器和迟滞比较器的输出所显示的是当输入电压超过某个门限值或阈值时的状态。窗口比较器检测的是处于两个门限电压值之间的输入电压，这个中间区域称为窗口。为了实现窗口比较器，需要使用两个具有不同阈值电压的比较器。

如图 3.5.6（a）所示的窗口比较器电路中，当输入电压处于下门限电压和上门限电压之间时，输出为低电平，否则输出为高电平。当 $u_1 < U_{TH-}$ 时，比较器 A_1 的输出为正，A_2 的输出为负。二极管 VD_1 导通，VD_2 截止，因此，输出电压为高电平；同理，当 $u_1 > U_{TH+}$ 时，比较器 A_1 的输出为负，A_2 的输出为正。二极管 VD_1 截止，VD_2 导通，输出电压为高电平；当 u_1 在 U_{TH-} 和 U_{TH+} 之间时，A_1 的输出为负，A_2 的输出也为负，二极管 VD_1 和 VD_2 都截止，则输出电压为低电平。如图 3.5.6（b）所示是该窗口比较器的电压传输特性曲线。

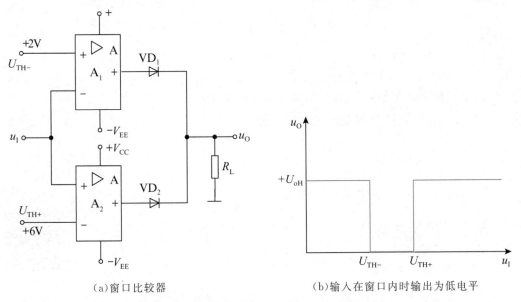

（a）窗口比较器　　　　　　　（b）输入在窗口内时输出为低电平

图 3.5.6　窗口比较器及其电压传输特性

2. 用专用集成电压比较器芯片组成电压比较器

虽然集成运算放大器可以组成电压比较器,但受其转换速率限制,响应时间不是很理想。解决办法之一是使用更快的运放。另一个解决办法是用集成电压比较器。集成电压比较器可以组成单门限电压比较器,也可以组成迟滞电压比较器和窗口比较器。

集成电压比较器型号很多,其中,常用的 LM339 芯片内集成有相同的 4 个独立的电压比较器,每个比较器采用集电极开路的输出结构,使用时需要外接上拉电阻。图 3.5.7(a) 是由 LM339 组成的窗口比较器。当输入电压在两个比较器的门限值 2V 和 6V 之间时,输出为高电平;否则输出为低电平。由此可画出其电压传输特性曲线,如图 3.5.7(b)所示。

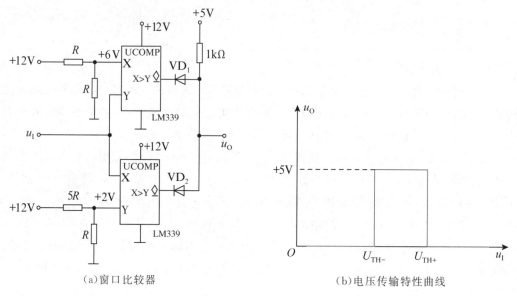

(a)窗口比较器　　　　　　　　　　　(b)电压传输特性曲线

图 3.5.7　由 LM339 组成的窗口比较器及其电压传输特性曲线

3.5.3　预习要求

(1)掌握如图 3.5.1～3.5.7 所示各比较器的工作原理。

(2)查阅 μA741、LM339 的产品数据手册。

3.5.4　实验设备

安装有 Multisim 软件的计算机一台。

3.5.5　实验内容

1. 单门限电压比较器

(1)单门限电压比较器的应用之一——将正弦波变换为矩形波

在 Multisim 工作区窗口搭建如图 3.5.8 所示的实验电路。输入信号设

单门限电压比较器应用的仿真实验视频

为正弦波电压 $u_\mathrm{I} = 3\sin2000\pi t\,\mathrm{V}$，参考电压为 U_REF（直流电压），当 U_REF 分别为 $-2\mathrm{V}$、$-1\mathrm{V}$、$0\mathrm{V}$、$+1\mathrm{V}$、$+2\mathrm{V}$ 时，观察和记录输出波形到表3.5.1，并分析当 U_REF 变化时，输出波形作如何变化。将输入信号与 U_REF 互换位置后，重新观察和记录输出波形到表3.5.1，并分析当 U_REF 变化时，输出波形作何变化。

图3.5.9是如图3.5.8所示电路中的示波器观察到的输入和输出波形。

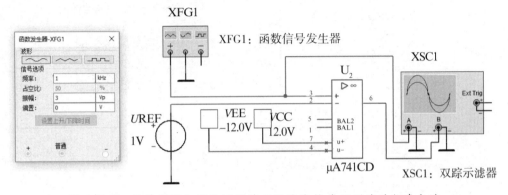

图3.5.8　用单门限电压比较器将正弦波变换为矩形波的仿真电路

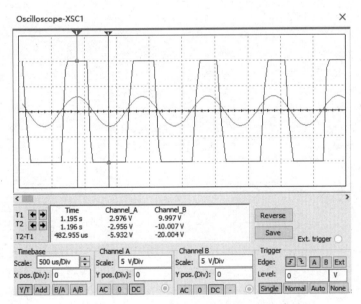

图3.5.9　图3.5.8所示电路的输入和输出波形

表3.5.1　单门限电压比较器应用之———正弦波变换为矩形波的实验结果

U_REF (V)	-2	-1	0	1	2
反相单门限比较器输出 u_O					
同相单门限比较器输出 u_O					

（2）单门限电压比较器的应用之二——脉冲宽度调制器（PWM）

在 Multisim 工作区窗口搭建如图3.5.10所示的实验电路。运放同相输入端接输入信号,输入信号设为正弦波电压 $u_1 = 3\sin 200\pi t$ V,正弦波参数设置如图 3.5.11(a)所示;运放反相输入端接参考电压,该参考电压设为三角波,三角波的峰值设为 3.3V,频率为 1kHz,参数设置如图 3.5.11(b)所示。开启仿真开关后,用四通道示波器同时观察输入电压波形、参考电压波形、输出电压波形,记录波形图(可以截图),分析脉冲调制效果。

增加三角波信号的频率,观察和分析输出波形的变化情况。

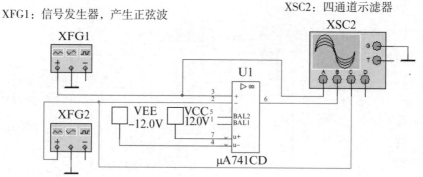

图 3.5.10　单门限电压比较器的应用之二——脉冲宽度调制器(PWM)的仿真电路

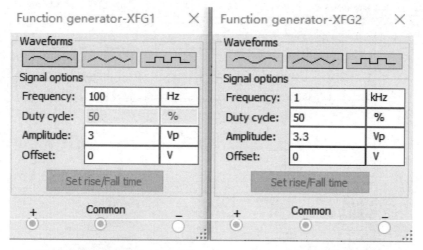

（a）XFG1 的参数设置(产生正弦波)　　（b）XFG2 的参数设置(产生三角波)

图 3.5.11　图 3.5.10 所示电路中 XFG1 和 XFG2 两个信号发生器的参数设置

2. 迟滞电压比较器及其抗干扰性能研究

在 Multisim 工作区窗口搭建如图 3.5.4(b)所示的实验电路。设运放为 μA741,电源电压为 ±12V,电阻 $R_1 = 10\text{k}\Omega$,$R_f = 20\text{k}\Omega$,输入电压为 $u_1 = 10\sin 2000\pi t(\text{V})$,参考电压 $U_{\text{REF}} = 0$。开启仿真开关后,用示波器同时观察输入和输出波形,并截图记录。

迟滞电压比较器及其抗干扰性能研究仿真实验视频

在原输入信号基础上叠加一个较高频率的信号,例如叠加 $u_1' = 2\sin 20000\pi t(\text{V})$ 的信号,以模拟噪声信号,再观察输入和输出波形,不断增大 u_1' 的幅值,观察输出波形的变化情况。与没有叠加噪声信号时的输出进行比较,分析迟滞电压比较器的抗干扰性能。

3.窗口比较器

(1)用运放组成窗口比较器

窗口比较器
研究仿真
实验视频

在 Multisim 工作区窗口搭建如图 3.5.6 所示的实验电路。设运放为 μA741,电源电压为正负双电源±12V,负载电阻 $R_L=1k\Omega$,二极管 VD$_1$ 和 VD$_2$ 选用 1N4152,输入电压 u_i 设为幅值 8V、频率 500Hz 的三角波。开启仿真开关后,用示波器同时观察输入和输出波形,并截图记录。分析输入信号在什么范围内输出高电平,输入信号在什么范围内输出低电平。

(2)用专用集成电压比较器 LM339 组成窗口比较器

在 Multisim 工作区窗口搭建如图 3.5.7 所示的实验电路。电源电压为单电源 +12V,电阻 $R=10k\Omega$,二极管 VD$_1$ 和和 VD$_2$ 选用 1N4152,输入电压 u_i 设为幅值 4V,偏移量为 4V,频率 500Hz 的三角波。开启仿真开关后,用示波器同时观察输入和输出波形,并截图记录。分析输入信号在什么范围内输出高电平,输入信号在什么范围内输出低电平。

3.5.6 实验报告撰写要求

(1)实验目的。

(2)实验原理。

(3)实验内容。

(4)数据、图表等记录及分析。

(5)实验所用的设备型号、规格和数量以及主要电子元器件列表

(6)总结实验中出现的问题,提出解决办法,意见和建议等。

(7)总结实验注意事项。

3.5.7 思考题

(1)在迟滞比较器实验中,所加的 u_i' 信号幅值达多大时,输出波形发生了改变? 原因是什么?

(2)LM339 能否实现正负双电源工作?

(3)在图 3.5.2 所示的脉冲宽度调制电路中,脉冲宽度与什么成比例?

3.5.8 注意事项

(1)正确连接 μA741 和 LM339 各引脚。

(2)各集成芯片电源极性不能接反。

实验 3.6 有源滤波器仿真实验

3.6.1 实验目的

(1)利用 Multisim 仿真软件测量有源带通和带阻滤波器幅频响应、相频响应、带宽和中心频率。

(2)加深对带通和带阻有源滤波器性能及特点的理解。

3.6.2 实验原理

实验原理同实验 1.8,二阶有源带通滤波器和二阶有源带阻滤波器实验电路分别参见图 1.8.5(a)和 1.8.6(a)。

3.6.3 预习要求

(1)复习有源带通和带阻滤波器的内容,理解其工作原理。

(2)根据图 1.8.5(a)和图 1.8.6(a)的实验电路参数,计算带宽、中心频率、通带增益、品质因素的理论值。

3.6.4 实验设备

安装有 Multisim 软件的计算机一台。

3.6.5 实验内容

1. 二阶有源带通滤波器

(1)搭建仿真电路

根据实验 1.8 中如图 1.8.5(a)所示的实验电路,在 Multisim 工作区窗口搭建好如图

二阶有源带通滤波器仿真实验视频

3.6.1所示的实验电路,运放选用μA741,输入信号u_I由函数信号发生器XFG1提供,左下角的是双击函数信号发生器图标后展开的面板图,设置u_I为幅值为1V的正弦波电压信号。接上双踪示波器XSC1用于观察输入和输出信号。

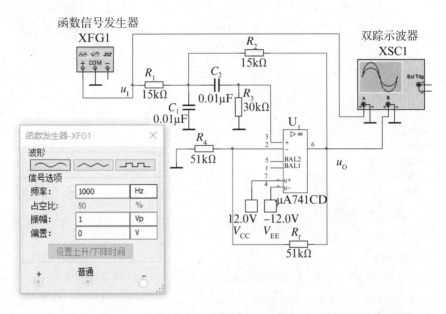

图3.6.1　二阶有源带通滤波器仿真电路

（2）粗测

接好电路后,开启仿真开关。在滤波器中心频率附近改变输入信号u_I的频率,用示波器观察输出电压幅度的变化是否具备带通滤波特性,如不具备,应排除电路故障。粗测结束后关闭仿真开关。

（3）测量幅频响应和相频响应

移去示波器,从仪器仪表栏提取波特图示仪（XBP1）接入电路,如图3.6.2所示。波特图示仪用于测量幅频响应和相频响应。开启仿真开关,双击波特图示仪图标,在弹出的面板上分别按下"Magnitude"和"Phase"按钮,设置合适的参数后在图形显示区会分别显示如图3.6.3所示的幅频响应曲线和相频响应曲线（图中图形显示区中的垂直线是读数指针）。

在图3.6.3(a)所示的幅频响应曲线中,移动图形显示区中的读数指针,将其置于增益最大位置,这时图形显示区下方显示的频率和增益即为中心频率和通带增益。记录中心频率$f_0=$　　　　　和通带增益$A_0=$　　　　　。将测得的通带增益减去3dB,即为该放大电路的上、下限频率点对应的增益,移动读数指针分别至这两个增益点,读出对应的上限频率f_H和下限频率f_L,计算出通带宽度$BW=f_H-f_L=$　　　　　。

将测得的中心频率、通带增益与理论值进行比较。

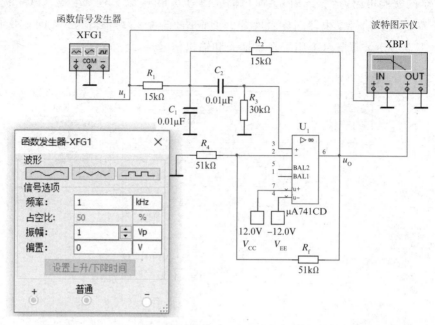

图 3.6.2　测量二阶有源带通滤波器幅频响应和相频响应的仿真电路

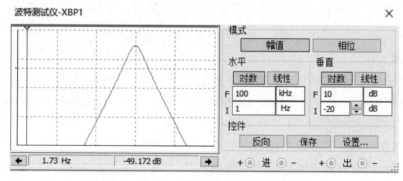

（a）幅频响应

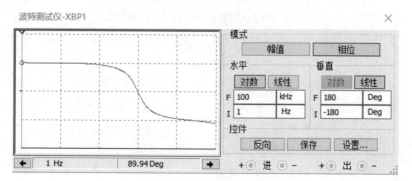

（b）相频响应

图 3.6.3　二阶有源带通滤波器的幅频响应和相频响应

2. 二阶有源带阻滤波器

（1）搭建仿真电路

根据实验 1.8 中如图 1.8.6(a) 所示的实验电路，在 Multisim 工作区窗口搭建好如图 3.6.4 所示的实验电路。

二阶有源带阻滤波器仿真实验视频

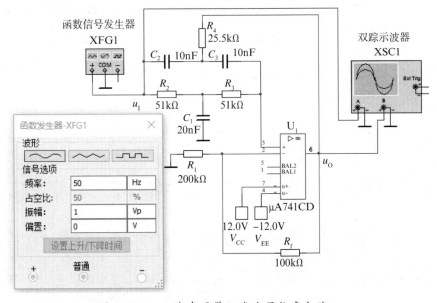

图 3.6.4 二阶有源带阻滤波器仿真电路

（2）粗测

接好电路后，开启仿真开关。设置 u_i 为有效值 1V 的正弦波电压信号，由函数信号发生器提供，在滤波器中心频率附近改变输入信号 u_i 的频率，用示波器观察输出电压幅度的变化是否具备带阻特性，如不具备，应排除电路故障。粗测调试结束后关闭仿真开关。

（3）测量幅频响应和相频响应

移去示波器，从仪器仪表栏提取波特图示仪接入电路，如图 3.6.5 所示。开启仿真开关，双击波特图示仪图标，在弹出的面板上分别按下"Magnitude"和"Phase"按钮，设置合适的参数后在图形显示区会分别显示如图 3.6.6 所示的幅频响应曲线和相频响应曲线。

在图 3.6.6(a) 所示的幅频响应曲线中，移动读数指针到阻带中心位置，这时图形显示区下方显示的频率即为中心频率，记录该中心频率 $f_0 = $ _____。再移动读数指针到通带平坦区域位置，这时图形显示区下方显示的增益即为通带增益，记录该通带增益 $A_0 = $ _____。将测得的通带增益减去 3dB，即为该放大电路的上、下限频率点对应的增益，移动读数指针分别至这两个增益点，读出对应的上限频率 f_H 和下限频率 f_L，计算出阻带宽度 $BW = f_H - f_L = $ _____。

将测得的中心频率、通带增益和阻带宽度与理论值进行比较。

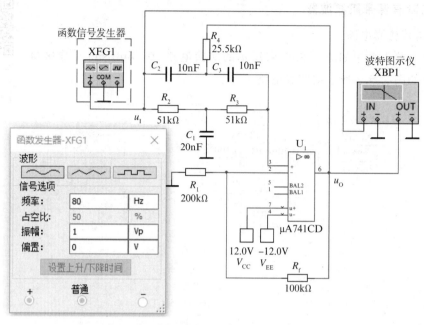

图 3.6.5　测量二阶有源带阻滤波器幅频响应和相频响应的仿真电路

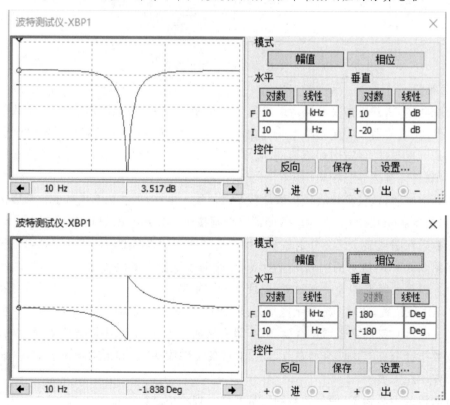

图 3.6.6　二阶有源带通滤波器的幅频响应和相频响应

3.6.6　实验报告要求

(1)叙述实验目的和实验原理。

(2)实验电路截图,幅频特性曲线和相频特性曲线截图。

(3)记录测得的中心频率、带宽、通带增益等实验数据。

(4)比较分析仿真测试值与理论计算值。

(5)简述在实验仿真过程中遇到的问题和解决的方法。

3.6.7　思考题

(1)如何才能在波特图示仪上显示大小合适的幅频响应和相频响应?

(2)在图 3.6.1 所示电路中,若要增大通带宽度而不影响中心频率,可以调整哪个元件的参数?

(3)在图 3.6.4 所示电路中,若要改变阻带宽度而不影响中心频率,可以调整哪个元件的参数?

实验

3.7

RC 桥式正弦波振荡器仿真实验

3.7.1 实验目的

(1)掌握 RC 桥式正弦波振荡器的工作原理。

(2)研究 RC 桥式正弦波振荡器中 RC 串并联网络的选频特性。

(3)研究负反馈网络中稳幅环节的稳幅功能。

(4)掌握用 Multisim 软件对 RC 桥式正弦波振荡器进行仿真调测的方法。

(5)作为实验 1.7 的预习或复习。

3.7.2 实验原理和实验电路

实验原理同实验 1.7,实验电路参见图 1.7.1。

3.7.3 预习要求

(1)阅读实验 1.7,复习由集成运算放大器组成的正弦波振荡器的基础知识,理解如图 1.7.1 所示电路的工作原理。

(2)在图 1.7.1 所示电路中,要求 $f_0 = 800\,\mathrm{Hz}$,试确定所需的电容 C 和电阻 R、R_1、R_2、R_w 的标称值。可选用的电阻、电位器和电容值(标称值)见实验 1.7 表 1.7.1 至表 1.7.3。二极管可选用小功率管,如 1N4148 等,集成运算放大器选用 μA741(其引脚排列和含义可参见实验 1.6)。

(3)在图 1.7.2 所示电路中,分别计算 $f = 5f_0$ 和 $f = \dfrac{1}{5}f_0$ 时,$\dot{U}_f$ 和 $\dot{U}_i$ 相位差 φ_f 的值。

(4)预习用李沙育图形法测量频率 f_0 的步骤。

(5)复习用示波器测量相位差的方法(可参见实验 1.1 中相关内容)。

3.7.4 实验设备

安装了 Multisim 软件的计算机一台。

RC 桥式正弦
波振荡器仿
真实验视频

3.7.5 实验内容

根据输出信号频率 $f_0 = 800\mathrm{Hz}$ 的要求以及给定的元器件列表,确定所需的电容 C 和电阻 R,由 $f_0 = \dfrac{1}{2\pi RC}$,先确定 $C = 0.022\mu\mathrm{F}$,再计算出 $R \approx 9\mathrm{k}\Omega$,取标称值 9.1 $\mathrm{k}\Omega$。根据选取的 C 和 R 值,计算理论值 $f_0 = \dfrac{1}{2\pi RC} \approx 795\mathrm{Hz}$,相对误差的理论值为 $(800 - 795)/800 \approx 0.63\%$,小于规定的 $\pm5\%$。

1. 连接实验电路

新建一个 Multisim 工作区窗口,参照实验 1.7 中的图 1.7.1 接线,各电阻和电容按实验预习要求 2 中所设计好的选取。用示波器观察输出波形。图 3.7.1 是连好线后的仿真电路图。

2. 调节实验电路

调节电位器 R_w,使电路起振且输出一个失真尽可能小的正弦波 u_o。测量输出正弦波的电压有效值 U_o。注意,通过 R_w 调节负反馈量,可使振荡器输出的正弦波控制在较小幅度,这时正弦波的失真度小;反之则失真度大。

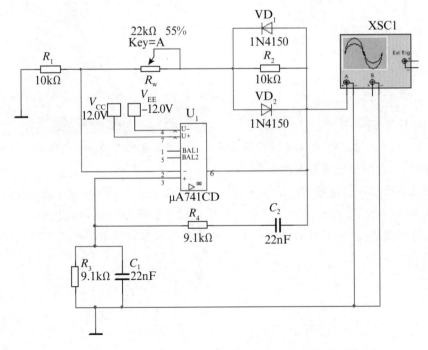

图 3.7.1 RC 桥式正弦波振荡器仿真实验接线

3. 测量振荡频率 f_0

(1) 用示波器测量振荡频率 f_0。

可以根据虚拟示波器显示屏上的两条读数指针位置,在显示屏下方的读数指针数据框中读出周期 T,再倒数后计算出频率 $f_0 =$ _____ 。例如,图 3.7.2 是图 3.7.1 的一个输出波形,显示屏上有两条读数指针 T_1 和 T_2,左侧是读数指针 T_1,其顶部标有数字"1",该读数指针与被测波形的交点处的时间和电压读数对应显示屏下方数据框中 T_1 对应的行(第 1 行数据),显示屏上读数指针 T_1 右侧的是读数指针 T_2,其顶部标有数字"2",该读数指针与被测波形的交点处的时间和电压读数对应显示屏下方数据框中 T_2 对应的行(第 2 行数据),T_2 线和 T_1 线数据相减的值显示在显示屏下方数据框的第 3 行。根据图 3.7.2 中的数据,该输出波形的峰峰值为 3.668V,周期是 $2 \times 641.026\mu s = 1282.052\mu s$,由此可计算出该波形有效值是 $3.668/(2\sqrt{2}) \approx 1.297$ V,频率为 $1/(1282.052\mu s) \approx 780$ Hz,与要求的 800Hz 的相对误差为 2.5%,在要求的误差范围内。

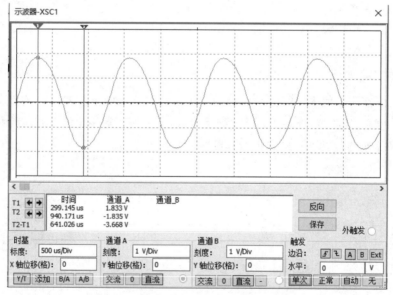

图 3.7.2　RC 桥式正弦波振荡器的一个输出波形及读数指针数据

(2) 用李沙育图形法测量振荡频率 f_0。

用李沙育图形法测量输出电压 u_o 的频率 f_0,接线如图 3.7.3 所示。虚拟示波器显示格式切换到 A/B 模式,调节函数信号发生器输出信号的频率和幅值,直到示波器上显示出稳定的圆形或椭圆形,此时函数信号发生器的输出频率就是 RC 桥式正弦波振荡器的振荡频率 f_0。记录 $f_0 =$ _____ 。

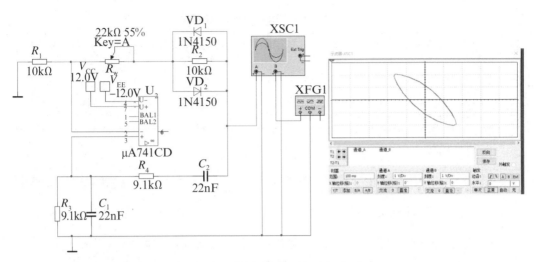

图 3.7.3　李沙育图形法测频率 f_o。

4.观察 RC 桥式正弦波振荡器的稳幅过程

去掉两个二极管,调节电位器 R_w,观察输出波形的稳幅情况。

5.测量选频网络的选频特性

按实验 1.7 中的图 1.7.2 接线,并且连好所需的函数信号发生器、示波器、交流电压表,如图 3.7.4 所示。然后,用函数信号发生器输出幅度合适的正弦信号(如有效值 3V),加到 RC 串并联选频网络的输入端 $\dot{U}_i$。改变输入信号频率,用虚拟示波器同时观察 $\dot{U}_f$ 和 $\dot{U}_i$ 随信号频率变化的情况,用电压表交流挡测量 $\dot{U}_f$ 和 $\dot{U}_i$ 的有效值 U_f 和 U_i。

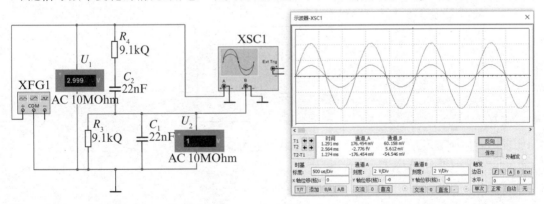

图 3.7.4　用示波器和电压表测量选频网络的相频响应和幅频响应

(1)测量相频响应

用示波器测量在不同信号频率作用下的 $\dot{U}_f$ 和 $\dot{U}_i$ 的相位差 φ_f。用示波器测量相位差的方法参见实验 1.1 中的相关内容。若 $\dot{U}_f$ 超前,则 φ_f 为正;$\dot{U}_f$ 滞后,则 φ_f 为负。将测量结果填入表 3.7.1(可适当增加测试点数),表 3.7.1 中的 f_o 为用李沙育图形法测得的频率值。画出相频响应曲线。

表 3.7.1　相频响应测量数据表

	f(Hz)	φ_{f}(仿真测量值)	φ_{f}(理论值)
$f = f_0$ 时			
$f = f_0/5$ 时			
$f = 5f_0$ 时			

（2）测量幅频响应

在图 3.7.4 中用电压表交流挡分别测出不同信号频率作用下的 $\dot{U}_{\mathrm{i}}$、$\dot{U}_{\mathrm{f}}$ 的有效值 U_{i}、U_{f}。由公式 $F = \dfrac{U_{\mathrm{f}}}{U_{\mathrm{i}}}$ 计算反馈系数 F，结果记入表 3.5.2（可适当增加测试点数），表 3.7.2 中的 f_0 是用前面李沙育图形法测得的频率值。并画出幅频响应曲线。

表 3.7.2　幅频响应测量数据

	f(Hz)	U_{i}(V)	U_{f}(V)	F(仿真测量值)	F(理论值)
$f = f_0$ 时					
$f = \dfrac{1}{5}f_0$ 时					
$f = 5f_0$ 时					

（3）用 Multisim 自带的波特图示仪测量 RC 选频网络的相频响应和幅频响应

将图 3.7.4 中的电压表和示波器移去，接入波特图示仪和函数信号发生器，如图 3.7.5所示。

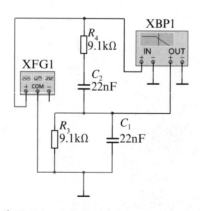

图 3.7.5　用波特图示仪测量 RC 选频网络的相频响应和幅频响应

开启仿真开关，双击波特图示仪图标，在弹出面板上的"模式（Mode）"选项栏按下"相位（Phase）"或"幅值（Magnitude）"，可分别设置相频特性和幅频特性曲线坐标参数，设置好合适的参数后，波特图示仪上的图形显示区可显示如图 3.7.6 所示的相频响应和幅频响应，按下"Phase"图标显示相频响应，按下"Magnitude"图标显示幅频响应。通过移动图形显示区中的读数指针可读取相关数据。在图 3.7.6(a)中，图形显示区中的垂直线即为读数指针,指针与相频响应曲线交点处的频率值和相位值分别显示在相频响应下方的数据栏里;在图 3.7.6(b)中,幅频响应曲线下方的数据则分别表示读数指针与幅频响应曲线交点处的频率值和幅值。

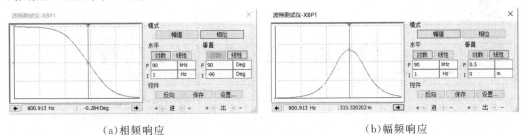

(a)相频响应　　　　　　　　　　　　　(b)幅频响应

图 3.7.6　用波特图示仪测量 RC 选频网络的相频响应和幅频响应

3.7.6　实验报告要求

(1)明确实验目的,叙述实验原理,总结 RC 桥式振荡电路的振荡条件。

(2)记录振荡频率的仿真数据,比较两种频率测量方法的测量结果。

(3)整理相频响应和幅频响应测量数据,作出 RC 串并联选频网络的相频响应和幅频响应曲线。

(4)将实验测得的数据与理论值比较。

(5)根据负反馈电阻 R_w 变化对输出波形的影响,说明负反馈在 RC 振荡电路中的作用。

3.7.7　思考题

(1)二极管 VD_1 和 VD_2 在本实验中起着什么作用?用一个二极管是否可以?

(2)实验中怎样判断振荡电路满足了振荡条件?

(3)实验电路中振荡频率主要与哪些参数有关?

(4)测量振荡频率还可以用什么其他方法?

实验 3.8 矩形波和锯齿波发生器仿真实验

3.8.1 实验目的

(1)掌握用集成运算放大器构成的矩形波和锯齿波发生器的原理。

(2)熟悉矩形波和锯齿波发生器的主要性能指标的测量方法。

3.8.2 实验原理及实验电路

利用由集成运算放大器组成的积分器和迟滞比较器即能组成线性度好的矩形波和锯齿波发生器。实验电路如图 3.8.1 所示,u_{O1} 输出矩形波,u_{O2} 输出锯齿波。

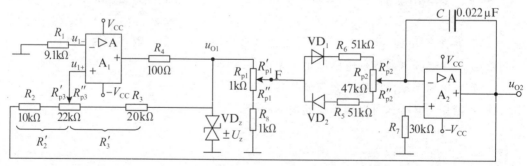

图 3.8.1　矩形波和锯齿波发生器电路

由图 3.8.1 可见,第一级运放 A_1 组成的是迟滞比较器,其输出电压 u_{O1} 由 VD_z 稳压管限幅在 $\pm 6V$(设稳压管稳定电压为 $U_z = 6V$),R_4 是稳压管的限流电阻,其作用是防止流过稳压管的电流过大,该迟滞比较器的上门限电压值为

$$U_{TH+} = \frac{R_2{}'}{R_3{}'} \times U_z = \frac{6R_2{}'}{R_3{}'} \qquad (3.8.1)$$

此即为 u_{O2} 的正最大值 U_{O2M+}(通过 R_{p3} 可调)。下门限电压为

$$U_{TH-} = -\frac{R_2{}'}{R_3{}'} \times U_z = -\frac{6R_2{}'}{R_3{}'} \qquad (3.8.2)$$

此即为 u_{O2} 的负最大值 U_{O2M-}（通过 R_{p3} 可调）。

第二级运放 A_2 组成的是一个恒流积分电路，电容的充电回路走 VD_1、R_6、C，放电回路走 $VD2$、R_5、C，通过 R_{p2} 可调节电容 C 的充放电时间常数，从而调节矩形波 u_{O1}（或锯齿波 u_{O2}）的占空比。

设 $t=0$ 时接通电源，有 $u_{O1}=6V$，F 点的电位 $U_F=\dfrac{R_{p1}''+R_8}{R_{p1}+R_8}\times 6V$，则该 U_F 经 R_6 向 C 充电，使输出电压 u_{O2} 按线性规律变化：

$$u_{O2}(t)=-\frac{1}{C}\int\frac{U_F}{R_6+R_{p2}'}dt=-\frac{\dfrac{R_{p1}''+R_8}{R_{p1}+R_8}\times 6V}{C(R_6+R_{p2}')}\times t=-\frac{R_{p1}''+R_8}{R_{p1}+R_8}\cdot\frac{6V}{C(R_6+R_{p2}')}t \quad (3.3.3)$$

当 u_{o2} 下降到小于门限电压 U_{TH-}，使 $u_{1+}<u_{1-}$ 时，比较器输出 u_{O1} 由 $+6V$ 下跳到 $-6V$，同时门限电压上跳到 U_{TH+}，$U_F=-\dfrac{R_{p1}''+R_8}{R_{p1}+R_8}\times 6V$，电容 C 经 R_5、VD_2 放电，这期间（$t=t_1\sim t_2$），u_{o2} 按以下规律上升：

$$u_{O2}(t)=-\frac{1}{C}\int\frac{U_F}{R_5+R_{p2}''}dt=-\frac{-\dfrac{R_{p1}''+R_8}{R_{p1}+R_8}\times 6V}{C(R_5+R_{p2}'')}\times(t-t_1)+U_{O2M-}$$

$$=\frac{R_{p1}''+R_8}{R_{p1}+R_8}\cdot\frac{6V}{C(R_5+R_{p2}'')}(t-t_1)+U_{O2M-} \quad (3.8.4)$$

当 u_{o2} 上升到大于门限电压 U_{TH+} 使 $u_{1+}>u_{1-}$ 时，比较器输出 u_{O1} 由 $-6V$ 上跳到 $+6V$。此后在 $t=t_2\sim t_3$ 期间，u_{o2} 按以下规律下降：

$$u_{O2}(t)=-\frac{1}{C}\int\frac{U_F}{R_6+R_{p2}'}dt=-\frac{\dfrac{R_{p1}''+R_8}{R_{p1}+R_8}\times 6V}{C(R_6+R_{p2}')}\times(t-t_2)+U_{O2M+}$$

$$=-\frac{R_{p1}''+R_8}{R_{p1}+R_8}\cdot\frac{6V}{C(R_6+R_{p2}')}(t-t_2)+U_{O2M+} \quad (3.8.5)$$

如此周而复始，产生波形 u_{O1} 和 u_{O2}，如图 3.8.2 所示。

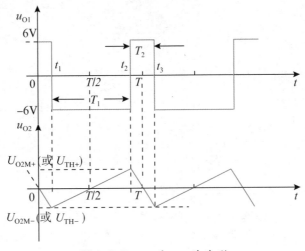

图 3.8.2　u_{O1} 和 u_{O2} 的波形

若忽略二极管的正向电阻,则根据式(3.8.4)和式(3.8.5),可得 $T_1 = \dfrac{2R_2'}{R_3'}\dfrac{R_{p1}+R_8}{R_{p1}''+R_8}$

$(R_5+R_{p2}'')C$,$T_2 = \dfrac{2R_2'}{R_3'}\dfrac{R_{p1}+R_8}{R_{p1}''+R_8}(R_6+R_{p2}')C$,故波形周期:

$$T = T_1 + T_2 = \frac{2R_2'}{R_3'}\frac{R_{p1}+R_8}{R_{p1}''+R_8}(R_5+R_6+R_{p2})C \tag{3.8.6}$$

矩形波 u_{O1} 的占空比为

$$\lambda = \frac{T_2}{T}\times100\% = \frac{R_6+R_{p2}'}{R_5+R_6+R_{p2}}\times100\% \tag{3.8.7}$$

综上可知,调节 R_{p3} 可改变锯齿波 u_{O2} 的幅值和周期;调节 R_{p1} 可改变周期 T 的值,而锯齿波 u_{O2} 的幅值却不会被改变;调节 R_{p2} 可改变矩形波 u_{O1} 的占空比。

3.8.3　预习要求

(1)分析如图 3.8.1 所示的矩形波和锯齿波发生器电路,计算锯齿波峰值电压。

(2)计算锯齿波信号 u_{o2} 的周期调节范围($T_{min}\sim T_{max}$)。

(3)计算矩形波信号 u_{o1} 的占空比调节范围($\lambda_{min}\sim\lambda_{max}$)。

3.8.4　实验设备

安装有 Multisim 软件的计算机一台

3.8.5　实验内容

(1)根据图 3.8.1,在 Multisim 工作区窗口创建实验电路图,如图 3.8.3 所示,图中的 XSC1 为双踪示波器图标,A 通道用于观察方波信号 u_{o1},B 通道用于观察锯齿波信号 u_{o2}。用两个稳压管 1N4734A(稳定电压 5.6 V)反向串联代替图 3.8.1 中的双向稳压管 VD_z。

矩形波和锯齿波发生仿真实验视频

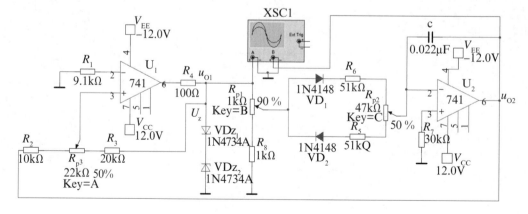

图 3.8.3　创建的仿真实验电路图

(2)启动仿真,用虚拟示波器观测 u_{O1} 和 u_{O2} 的波形。图 3.8.4 是观察到的 u_{O1} 和 u_{O2} 的

波形。

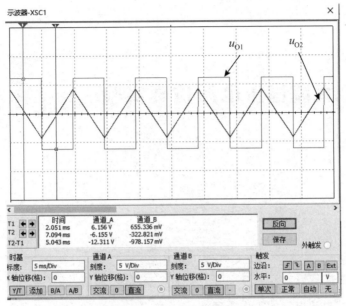

图 3.8.4　u_{O1} 和 u_{O2} 的仿真波形

（3）调节 R_{p3}，用虚拟示波器测出 u_{O2} 的幅值调节范围，并记录其最小值 U_{O2min} 和最大值 U_{O2max}。

（4）调节 R_{p2}，用虚拟示波器测出 u_{O1} 的占空比可调范围，并记录其最小值 λ_{min} 和最大值 λ_{max}。

（5）调节 R_{p2} 或 R_{p3}，用虚拟示波器观察它们对 u_{O2} 周期值的影响。再调节 R_{p1} 观测 u_{O2} 的周期调节范围，并记录其最小值 T_{min} 和最大值 T_{max}，分析这两个值分别发生在什么情况下。

3.8.6　实验报告要求

（1）简述实验目的、电路组成及原理。

（2）自拟表格整理记录实验数据。

（3）在同一坐标上绘制 u_{o1} 和 u_{o2} 的波形，注明幅度和周期。

3.8.7　思考题

（1）若要扩大 u_{o2} 幅值调节范围，则应该调整图 3.8.1 中的哪些元器件的值？

（2）若要使矩形波 u_{o1} 的占空比在大于 0 和小于 100％ 内可调，电路或电路参数应作何修改？

实验

3.9

直流稳压电源仿真实验

3.9.1 实验目的

(1)掌握桥式整流电路的工作原理。

(2)理解整流、滤波电路的作用。

(3)掌握稳压电路的工作原理。

(4)能用 Multisim 仿真软件对直流稳压电源进行仿真分析,进一步掌握 Multisim 仿真软件的使用方法。

3.9.2 实验原理和实验电路

实验原理同实验 1.11。实验电路如图 1.11.3 和 1.11.4 所示。由于在 Multisim 软件中没有如图 1.11.4 所示电路中的 CW317,因此用参数相近的 LM317 代替。

3.9.3 预习要求

(1)复习直流稳压电源电路的组成及工作原理。

(2)查阅 LM7812 和 LM317 器件手册,了解其主要参数。

(3)根据图 1.11.4,计算可调输出稳压电路的输出电压调节范围。

3.9.4 实验设备与元器件

安装有 Multisim 软件的计算机一台。

3.9.5　实验内容

单相桥式整
流滤波电路
仿真实验视频

1.单相桥式整流滤波电路实验

（1）在 Multisim 工作区窗口搭建实验电路

在"电源库（Source）"中选择 POWER_SOURCES，分别放置交流电源（AC_POWER）模拟地（GROUD），双击该交流电源图标，设置电压 Voltage（RMS）为 17V（有效值），频率 Frequency 为 50Hz，标签改为 u_2。也可以用变压器产生 17V 交流电压，变压器元件在"基本元件库（Basic）"的 TRANSFORMER 类别中，可选择"1P1S"变压器，变压器一次侧接 220V、50Hz 的交流电压，通过调整变比，使得变压器二次侧输出约 17V 的电压。

在"二极管库（Diode）"中选择 FWB，放置"1B4B42"桥堆 D1。在"基本元件库（Basic）"中选择电阻 RESISTER，放置 300Ω 的电阻元件，单击该电阻，将其标签名改为 R_L。

从仪器仪表栏（通常位于电路工作区窗口右侧）分别提取示波器（Oscilloscope）XSC1和万用表（Multimeter）XMM1，放置在电路工作区窗口。

根据桥式整流电路图连线，搭建好如图 3.9.1 所示的实验电路。

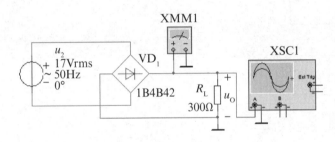

图 3.9.1　单相桥式整流电路

（2）测量桥式整流电路的输出电压和纹波系数

用示波器观察输出电压波形，用万用表直流电压挡测量输出电压的平均值 U_o（即输出电压的直流分量），用万用表交流电压挡测量输出电压的交流分量有效值 $\widetilde{U}_o$（纹波电压），记入表 3.9.1。

（3）测量整流滤波电路的输出电压和纹波系数

在图 3.9.1 基础上，在负载电阻两端并联电容 C_1（100μF），构成整流加滤波的电路，如图 3.9.2 所示。重复上述内容（2）。

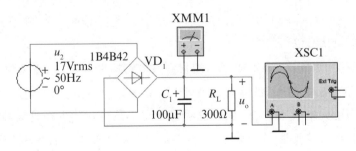

图 3.9.2　单相桥式整流滤波电路

(4)研究负载电阻 R_L 和滤波电容 C_1 对滤波结果的影响

①将 C_1 改为 $2200\mu F$，$R_L = 300\Omega$ 不变，重复上述内容(2)。

②R_L 改为 100Ω，C_1 为 $2200\mu F$，重复内容(2)。

根据实验数据，分析电容 C_1 和电阻 R_L 的变化对输出电压和纹波系数的影响。

表 3.9.1　整流滤波电路的测量数据表

电路形式	$U_2(V)$ 仿真测量值	$U_O(V)$		$\tilde{U}_O$	纹波系数	输出波形
		仿真值	理论值			

2. 输出电压固定的直流稳压电源

(1)搭建实验电路并检查电路是否工作正常

根据实验 1.11 中的图 1.11.3 所示电路，在图 3.9.2 基础上再加接一个三端稳压器，建立好如图 3.9.3 所示的实验电路。设置变压器变比，使得变压器副边输出的电压有效值约为 17V。电容 C_1 设为 $2200\mu F$。

输出电压固定的直流稳压电源仿真实验视频

开启仿真开关，测量 U_2 值(有效值)，测量滤波电路输出电压 U_1(直流值)，集成稳压器输出电压 U_O(直流值)，并用示波器观测 LM7812 集成芯片的输出端的电压波形。这些数值与波形应与理论分析大致符合，否则说明电路出了故障，设法查找故障并加以排除。最常见的故障有熔断丝开路，7812、电阻、电容器损坏以及连线接触不良或断线等。

电路进入正常工作状态后,才能进行各项性能指标的测试。

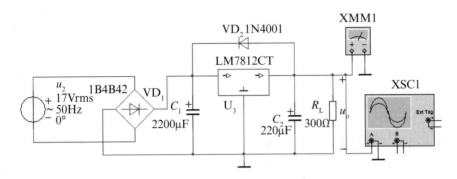

图 3.9.3　整流滤波稳压实验电路

(2)测量输出电压额定值 U_O、纹波电压 $\tilde{U}_O$ 和纹波系数

设 $R_L = 300\Omega$,测量 U_2、U_O、$\tilde{U}_O$,根据测得的值,计算纹波系数,记入表 3.9.2。

表 3.9.2　输出电压额定值、纹波电压、纹波系数的测量数据

测试条件	仿真测量值			测量计算值
R_L	$U_2(V)$	$U_O(V)$	$\tilde{U}_O(V)$	纹波系数:$\tilde{U}_O/U_O$
$R_L = 300\Omega$				

(3)测量输出电阻 R_o。

在 R_L 不接情况下,测得负载开路电流 I_{OC} 和开路电压 U_{OC};在接上 $R_L = 300\ \Omega$(视作额定负载)情况下,测得负载额定电流 I_O 和额定电压 U_O,将上述测试值记入表 3.9.3。此时 I_o 的变化量即为 $\Delta I_o = I_O - I_{OC}$,$U_o$ 的变化量即为 $\Delta U_o = U_O - U_{OC}$。根据实验 1.11 中的式 (1.11.2)即可求得输出电阻 R_o。测得的 U_O 与 U_{OC} 应基本一致,若相差较大则说明集成稳压芯片 LM7812 性能不良。

表 3.9.3　输出电阻 R_o 的测量数据

测试条件		仿真测量值		测量计算值		
U_2	R_L	$I_O(mA)$	$U_O(V)$	ΔU_O	ΔI_O	$R_o(\Omega)$
17V	R_L 不接(开路)	$I_{OC}=0$	$U_{OC}=$			
	$R_L = 300\Omega$	$I_O=$	$U_O=$			

(4)测量稳压系数 γ

取 $R_L = 300\Omega$ 不变(视作输出电流达额定值并保持近似不变),按表 3.9.4 改变整流电路输入电压 U_2(模拟电网电压波动 $\pm 10\%$),分别测出 U_2 的实际值以及 LM7812 的输入电压的直流分量 U_1 和输出电压的直流分量 U_O,记入表 3.9.4。并按实验 1.11 中的式 (1.11.1)计算稳压系数 γ。

表 3.9.4　稳压系数 γ 的测量数据

测试条件		仿真测量值		测量计算值
U_2	R_L	$U_1(\text{V})$	$U_O(\text{V})$	γ
15.3V		$U_1' =$	$U_O' =$	
17V	300Ω	$U_1 =$	$U_O =$	
18.3V		$U_1'' =$	$U_O'' =$	

3.输出电压可调的直流稳压电源

(1)搭建实验电路并检查电路是否工作正常

参照实验 1.11 中的图 1.11.4,在 Multisim 工作区窗口搭建好实验电路,如图 3.9.4 所示。整流电路输入电压 u_2 设为约 17V,R_L 取 300Ω。

输出电压可调的直流稳压电源仿真实验视频

开启仿真开关,测量 U_2 值(有效值),测量滤波电路输出电压 U_1(直流值),集成稳压器输出电压 U_O(直流值),这些数值与波形应与理论分析大致符合,否则说明电路出了故障,设法查找故障并加以排除。

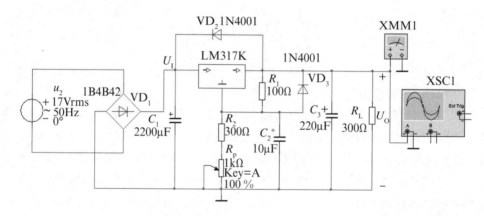

图 3.9.4　输出电压可调的直流稳压电源仿真电路

(2)测量输出直流电压 U_O 的可调范围

用示波器观察 u_2、U_1 和输出电压 U_O 的波形。调节电位器 R_p,测量并记录输出直流电压 U_o 的可调范围:

$$U_{O\min} = \underline{\hspace{2cm}}, U_{O\max} = \underline{\hspace{2cm}}。$$

3.9.6　实验报告要求

(1)简述实验电路组成及原理。

(2)整理记录各项实验数据和内容,分析有关结果。

(3)根据表 3.9.1 中记录的数据及波形,分析当滤波电容 C_1 接入与不接入电路情况下,输出波形有何不同,直流输出电压 U_o 的值有什么不同,并与理论值相比较,分析误差产生的原因。

（4）根据表 3.9.1 中记录的数据及波形，分析电容 C_1 和电阻 R_L 的变化对输出电压和纹波系数的影响。

（5）总结实验中出现的故障和排除方法。

3.9.7　思考题

参见实验 1.11。

3.9.10　实验注意事项

（1）不可用万用表的电流挡和欧姆挡测量电压。

（2）电解电容有正负极性之分，不要接错。

第四篇

模拟电子系统的设计和调试方法

　　学习模拟电子系统的设计不仅能巩固模拟电子技术各知识点,更重要的是能提高运用所学理论解决模拟电子技术领域复杂工程问题的能力。以下将介绍模拟电子系统的设计原则、设计方法,阐述如何选择设计方案、设计电路原理图、PCB 版图和如何进行安装调试,并介绍电子电路的抗干扰措施。在模拟电子系统设计过程中可以灵活运用这些设计原则和方法。

4.1　模拟电子系统设计的基本原则

　　模拟电子系统设计时应当遵循的基本原则如下:

　　(1)满足系统功能和性能指标要求。好的设计必须是能完全满足设计要求的功能特性和技术指标。这也是电子系统设计时必须满足的基本条件。

　　(2)电路简单。在满足功能和性能要求的情况下,简单的电路对系统来说不仅是经济的,同时也是可靠的。所以,电路应尽量简单。值得注意的是,系统集成技术是简化系统电路的最好方法。

　　(3)电磁兼容性好。电磁兼容性是现代电子电路的基本要求,所以一个电子系统应当具有良好的电磁兼容性。实际设计时,设计的结果必须能满足给定的电磁兼容条件,以确保系统正常工作。

　　(4)可靠性高。电子系统的可靠性要求与系统的实际用途、使用环境等因素有关。任何一种电子系统的可靠性计算都是以概率统计为基础的,因此电子系统的可靠性只能是一种定性估计,所得到的结果也只能是具有统计意义的数值。实际上,电子系统可靠性计算方法和计算结果与设计人员的实际经验有相当大的关系,设计人员应当注意积累经验,以提高可靠性设计的水平。

　　(5)系统集成度高。最大限度地提高集成度,是电子系统设计应当遵循的一个重要原则。高集成度的电子系统,必然具有电磁兼容性好、可靠性高、制造工艺简单、质量容易控制以及性能价格比高等一系列优点。

　　(6)调试简单方便。电子电路的设计者在电路设计的同时,必须考虑调试的问题。如果一个电子系统不易调试或调试点过多,则这个系统的质量难以保证。

　　(7)生产工艺简单。无论是批量产品还是样品,生产工艺对电路的制作和调试都是相当重要的。

　　(8)操作简单方便。操作简便是现代电子系统的重要特征,难以操作的电子系统是没有生命力的。

　　(9)性能价格比高。

4.2　模拟电子系统的设计方法

模拟电子系统的设计方法和步骤可概括为：选择总体方案、设计电路原理图（包括单元电路的设计、参数计算、元器件选择）和 PCB 版图、设计电路的组装与调试方案、撰写设计报告。

由于模拟电子电路的种类繁多，因此设计方法和步骤将因情况不同而有所差异。在实际设计时，各种环节往往需要交叉重复进行。

4.2.1　选择总体方案

在开始设计电路时，必须针对所设计的任务、要求和条件，根据已掌握的知识和资料，从全局着眼，将总体功能要求合理地分配给若干个单元电路，并画出一个能表示各单元和总体电路工作原理的框图，确定系统设计的总体方案。通常符合要求的总体方案不止一个，设计者应仔细地分析每个方案的可行性和优缺点，从设计的合理性和技术的先进性、可靠性、经济性等方面反复比较，选出最优方案。

4.2.2　设计电路原理图和 PCB 版图

总体方案确定了系统的基本结构，进一步的工作是进行各部分功能电路以及电路连接的具体设计。这时要注意局部电路对全系统的影响，要考虑是否易于实现，是否易于检测等问题。具体的设计包括以下几个方面：

1. 单元电路的设计

设计单元电路前必须明确对各单元电路的要求，详细拟定出单元电路间的配合问题，尽量少用或不用电平转换之类的接口电路，并考虑到能使各单元电路采用统一的供电电源，以免造成总体电路复杂，可靠性、经济性均较差等缺点。

具体设计时，优先选用成熟的先进电路，也可在与设计要求较接近的电路基础上进行改进或进行创造性的设计。

2. 参数计算

在电路设计过程中必须对某些参数进行计算，然后方能进行元器件选型，例如振荡电路中的电阻、电容、振荡频率；放大电路中的放大倍数、带宽、转换速率；稳压电源中的输出电压、输出电流等参数。只有在深刻理解电路工作原理的基础上，正确运用计算公式和计算图表，才能获得满意的计算结果。在设计计算时，常会出现在理论上满足要求的参数值不唯一的情况，设计者应根据价格、体积和货源等具体情况进行选择。

计算电路参数时应注意下列问题：

(1)各元器件的工作电流、电压和功耗等应符合要求，并留有适当裕量。

(2)对于元器件的极限参数必须留有足够裕量，一般应大于定值的 1.5 倍。

(3)对于环境温度、交流电网电压等工作条件应按最不利的情况考虑。

（4）定值电阻、电位器、电容的参数应选择计算值附近的标称值。

（5）在保证电路达到功能指标要求的前提下，应尽量减少元器件的品种、价格、体积等。

3. 元器件的选择

（1）集成电路的选择

由于集成电路可以实现众多单元电路甚至整机电路的功能，所以选用集成电路不仅可减小电子设备的体积和成本，提高可靠性，而且可使设计简化，安装、调试和维修亦大大方便。因此，一般应优先选用集成电路。

选择集成电路时不仅要考虑其在功能、特性和工作条件等方面满足设计方案的要求，还应考虑其封装方式。集成电路常见的封装方式有双列直插式、扁平式和直立式三种（其他封装方式还有引线载体式、无引线载体式、锯齿双列式等十余种）。双列直插式和直立式封装方式的优点是易于安装和更换。

（2）定值电阻器的选择

选择电阻器除阻值和额定功率等主要参数外，还应从以下几方面进行考虑。

①掌握所设计电路对电阻器的特殊要求。所谓特殊要求，是指对高频特性、过载能力、精度、温度系数等方面的技术要求。

②尽量优先选用通用型电阻器。因为此类电阻器价格低、货源充足。

③根据电路的工作频率要求，选用相应的电阻器。各种电阻器的结构与制造工艺不同，故它们的分布参数也不同。RX 型线绕电阻器的分布电容和分布电感均较大，仅适用于工作频率低于 50kHz 的电路中；RH 型合成膜电阻器和 RS 型有机实芯电阻器的工作频率在数十 MHz；RT 型碳膜电阻器的工作频率可达 100MHz；RJ 型金属膜电阻器和 RY 型氧化膜电阻器的工作频率可高达数百 MHz。

④按照电路对温度稳定性的要求，选择温度系数不同的电阻器。例如，直流稳压电源中的取样电阻、高稳定度直流放大器中的某些电阻器等。在实际电路中，有时需要选用具有正或负温度系数的电阻器作为温度补偿元件。

⑤在高增益前置放大电路中，应选用噪声电动势小的电阻器。RJ 型、RX 型电阻器以及 RT 型电阻器均具有较小的噪声电动势。

⑥所选电阻器的额定功率必须大于实际承受功率的 2 倍。

（3）电容器的选择

选择电容器时，除电容器容量和耐压等主要参数外，还应从以下几方面进行考虑。

①合理确定对电容器精度的要求。在延时电路、音调控制电路、滤波器以及接收机的本振电路、中频放大电路中，对某些电容器的精度要求较高，应选用高精度的电容器来满足电路的要求。而在旁路、去耦和低频耦合等电路中对电容器精度无严格要求。因此，仅需按设计值选用相近容量或稍大容量的电容器即可。

②注意所设计电路对电容器绝缘电阻和损耗角正切值 $\tan\delta$ 的要求。绝缘电阻小的电容器，漏电流较大，漏电流产生的功率损耗将使电容器发热升温，从而导致漏电流进一

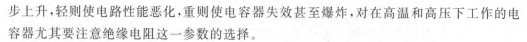

步上升,轻则使电路性能恶化,重则使电容器失效甚至爆炸,对在高温和高压下工作的电容器尤其要注意绝缘电阻这一参数的选择。

在采样/保持电路以及电桥电路中作为桥臂使用的电容器,其绝缘电阻值的高低将直接影响测量精度。

电容器的损耗有时也直接影响到电路的性能,在振荡回路、中频回路和滤波器等电路中,要求 $\tan\delta$ 尽可能小,以提高电路的品质因数。

③注意对电容器高频特性的要求。在高频应用时,某些电容器不可忽视的自身电感、引线电感和高频损耗,会使电容器的自身性能下降,导致电路不能正常工作。一般小型云母电容器的最高工作频率为 $150\sim250\mathrm{MHz}$,其自身等效电感约为 $(4\sim6)\times10^{-3}\mu\mathrm{H}$;圆片形瓷介电容器最高工作频率为 $200\sim300\mathrm{MHz}$,自身等效电感约为 $(2\sim4)\times10^{-3}\mu\mathrm{H}$;圆管形瓷介电容器最高工作频率为 $150\sim200\mathrm{MHz}$,自身等效电感约为 $(3\sim10)\times10^{-3}\mu\mathrm{H}$;圆盘形瓷介电容器最高工作频率为 $200\sim300\mathrm{MHz}$,自身等效电感约为 $(1\sim1.5)\times10^{-3}\mu\mathrm{H}$;小型纸介电容器(无感卷绕)最高工作频率为 $50\sim80\mathrm{MHz}$,自身等效电感约为 $(6\sim11)\times10^{-3}\mu\mathrm{H}$;中型纸介电容器 $(<0.022\mu\mathrm{F})$ 最高工作频率仅为 $5\sim8\mathrm{MHz}$,自身等效电感约为 $(30\sim60)\times10^{-3}\mu\mathrm{H}$。有时为了解决电容器自身分布电感的影响,常在自身等效电感较大的大容量去耦电容器的两端并接一个自身电感很小的小容量电容器。

最后应指出,在某些电路中尚需考虑电容器的耐寒、抗潮、温度系数以及黏滞效应等性能。

(4)电位器的选择

电位器的主要参数有标称阻值、精度、额定功率、电阻温度系数、阻值变化规律、噪声、分辨力、绝缘电阻、耐磨寿命、平滑性、零位电阻、起动力矩、耐期性等。其制作材料、结构形式和调节方式繁多。选用时应根据所设计电路的要求确定。

①选择电位器的结构形式和调节方式。在电视机以及许多测量仪器中,电源开关和亮度(或音量)、灵敏度的控制常要求用一个旋钮来实现,这时可选用带开关的电位器。

在立体音响设备和文氏电桥等电路中,需要同时调节两个电器值,这时可选用双联电位器。在校正电路中,可选用锁紧型电位器。在计算机、伺服系统及某些精密仪器设备中,常选用多圈电位器。在大家所熟悉的晶体管放大器的偏置电路中,可选用半可调型电位器。

②选择电位器的阻值变化规律。为了适应各种不同用途,电位器的阻值变化规律通常做成三种,即直线式、对数式和反对数式(亦称指数式)。

直线式电位器可用于示波器和电视接收机中控制示波管和显象管的聚焦与亮度。在直流稳压电路的取样电路中,亦选用直线式电位器。此外,直线式电位器还用于晶体管放大电路工作点的调节,接收机中 AGC 电压的控制以及电视机中帧线性、曲幅、行同步、帧同步等的调节。

反对数式电位器阻值在转角较小时变化大,以后逐渐变小。这种变化规律适用于音调控制电路及电视机中对比度的调节等。

在音响设备、收音机及电视接收机中,音量控制通常使用对数式电位器。因为人耳对声音响度的听觉特性是符合指数规律的,即在声音微弱时,若声音响应稍有增加,人耳的感觉十分灵敏,但当声音响度增大到一定程度后,再继续增大声音响度,人耳的反映则比较迟钝了。音量电位器选用对数式阻值变化规律,恰可与人耳的听觉特性相互补偿,使音量电位器转角从零开始逐渐增大,人耳感觉对音量的增加是均匀的。

4.总体电路原理图的绘制

在电子系统总框图、单元电路设计、参数计算和元器件选择的基础上,可以进行总体电路原理图的绘制,它是组装、调试、印刷电路板设计和维修的依据,现在一般应用先进EDA工具软件进行绘制。在绘制总体电路图时主要应注意以下几点。

(1)注意信号流向,一般从输入端画起,由左至右(或由上至下)按信号流向依次绘出各单元电路,使全图易于阅读和理解。

(2)注意总体电路图的紧凑和协调,做到布局合理,排列均匀,图面清晰。

(3)尽量将总体电路图绘在一张图纸内。如果电路较复杂,一张图纸内无法容纳,则应将主电路画在同一张图纸上,而将其余部分按所设计单元电路画在另一张或数张图纸上,并在各图所有断口两端做上标记,以此说明各图纸间电路连线的来龙去脉。

(4)图中元器件的符号应标准化。中、大规模集成电路和组件可用方框表示,需在方框中标出型号,在方框的边线两侧标出每根线的功能和管脚号。

(5)连接线一般画成水平线或垂直线,并尽可能减少交叉和拐弯。相互连通的交叉线应在交叉处用实圆点标出。根据需要,可在连接线上加注信号名或其他标记,表明其功能或去向。有的连接线可用符号表示,例如地线常用"⊥"表示,某些器件的电源仅需标出电源的电压值即可。

当电路的原理图设计完毕时,需要根据原理图利用PCB软件绘制相应的PCB版图。

4.3 电子电路的组装与调试方法

电子电路的组装与调试在电子电路设计技术中占有重要位置,它是对理论设计进行检验、修改和完善的过程,任何一个产品往往都是在安装、调试并反复修改多次后最终完成的。设计调试方案的目的是为设计人员提供一个有序、合理、迅速的系统调试方法,是设计人员在系统实际调试之前就对调试的全过程有清楚的认识,明确要调试的项目、调试的目的、应达到的技术指标、可能发生的问题和现象、处理问题的方法、系统各部分所需要的仪器设备等。

调试方案的设计还应当包括测试结果记录的格式设计,测试结果记录的格式必须能明确地反映系统所实现的各项功能特性和达到的各项技术指标。

4.3.1　电子电路的组装

组装电路通常采用焊接和在面包板上插接两种方法,无论采用哪种方法均应注意以下几方面:

(1)所有元器件在组装前应尽可能全部测试一遍,以保证所用元器件均合格。

(2)所有集成电路的组装方向要保持一致,以便于正确布线和查线。

(3)组装分立元件时应使其标志朝上或朝向易于观察的方向,以便于查找和更换。对于有极性的元件,例如电解电容器、晶体二极管等,组装时一定要特别注意其极性,切勿搞错。

(4)为了便于查线,可根据连接线的不同作用选择不同颜色的导线。一般习惯是正电源用红色线、负电源用蓝色线、地线用黑色线、信号线用黄色线等。

(5)连线尽量做到横平竖直。连线不允许跨接在集成电路上,必须从其周围通过。同时应尽可能做到连线不互相重叠、不从元器件上方通过。

(6)为使电路能够正常工作与调测,所有地线必须连接在一起,形成一个公共的参考点。

正确的组装方法和合理的布局,不仅可使电路整齐美观、工作可靠,而且便于检查、调试和故障排除。如果能在组装前先拟订出组装草图,则可获得事半功倍的效果,使组装既快又好。

4.3.2　电子电路的调试

调试是指调整与测试。测试是在电路组装后对电路的参数与工作状态进行测量,调整则是在测试的基础上对电路的某些参数进行修正,使其满足设计的要求。

在进行调试前应拟订出测试项目、测试步骤、调测方法和所用仪器等,做到心中有数,保证调试工作圆满完成。

1. 调试方法

调试方法原则上有两种:

第一种是边安装边调试的方法。它是把复杂的电路按原理框图上的功能分成单元进行安装和调试,在单元调试的基础上逐步扩大安装和调试的范围,最后完成整机调试。这种方法一般适用于新设计的电路。

第二种是在整个电路全部焊接安装完毕后,实行一次性调试。这种方法一般适用于定型产品和需要相互配合才能运行的产品。

2. 调试步骤

(1)通电前检查

电路安装完毕后,不要急于通电,首先要根据原理电路认真检查电路接线是否正确,是否有连错的线、少线(安装时漏掉的线)、多线(连线的两端在电路图上都是不存在的)和短路(特别是间距很小的引脚及焊点间)。查线时最好用指针式万用表"Ω×1"挡,或用数字万用表"Ω"挡的蜂鸣器来测量,而且要尽可能直接测量元器件引脚,这样可以发现接触不良的地方。

(2)通电观察

在电路安装没有错误的情况下接通电源(先关断电源开关,待接通电源连线之后再打开电路的电源开关)。但接通电源后不要急于测量,首先要充分调动眼、耳、鼻、手观察整个电路有无异常现象,包括有无冒烟,是否有异常气味,是否有异声,手摸器件是否发烫,电源是否有短路或开路现象等。如果出现异常,应该立即关掉电源,待故障排除后方可重新通电。然后再按要求测量各元器件电源引脚端的电压,而不只是测量总电源电压,以保证元器件正常工作。

(3)单元电路调试

在调试单元电路时应明确本部分的调试要求。调试顺序按信号流向进行,这样可以把前面调试好的输出信号作为后一级的输入信号。

单元调试包括静态和动态调试。静态调试一般是指在没有外加信号的条件下测试电路各点的电位,特别是有源器件的静态工作点。通过这一步骤可以及时发现已经损坏和处于临界状态的元器件。动态调试是指用前级的输出信号或自身的信号测试单元电路的各种性能指标是否满足设计要求,包括信号幅值、波形形状、相位关系、放大倍数和频率响应等。对于信号产生电路一般只看动态指标。把静态和动态测试的结果与设计的指标加以比较,经深入分析后对电路与参数提出合理的修正。应详尽记录调试过程中的相关数据。

(4)整机联调

各单元电路调试好以后,并不见得由它们组成的整机性能一定会好,因此还要进行整机联合调试。整机联合调试主要是观察和测量动态性能,把测量的结果与设计指标逐一对比,找出问题及解决办法,然后对电路及其参数进行修正,直到整机的性能完全符合设计要求为止。

3. 故障诊断方法

整机出现故障后,首先应仔细观察有无元器件出现过热痕迹或损伤情况,有无脱焊、短路、断脚和断线情况。然后采用静态查找法和动态查找法。

静态查找法就是用万用表测量元器件引脚电压、测量电阻值、电容漏电以及电路是否有断路或短路情况等。大多数故障通过静态查找均可诊断出结果。当通过静态查找仍不能找到故障原因时,可采用动态查找法。

动态查找法是指通过相应的仪器仪表在电路加上适当信号的情况下测量电路的性能指标、元器件的工作状态。由获得的读数和观察到的波形等可准确、迅速地查找到故障发生的部位及产生的原因。

为加快查找故障点的速度,提高故障诊断效率,具体操作时可视不同情况选用"对分""分割""对比""替代"等查找方法。

4.4　电子电路的抗干扰措施

　　干扰信号的存在影响电子电路工作的可靠性和稳定性,轻则使电路的性能下降,严重时将使电路无法工作。因此,在进行电子电路设计和考虑安装结构时必须解决好电路的抗干扰问题。同时亦应考虑到勿使所设计电路成为干扰源。

　　研究抗干扰方法时,首先应弄清构成干扰的三要素,即干扰源(噪声源、感应源)、受感电路(接收电路)、干扰源与受感电路间的耦合途径。

　　常见的耦合途径有经公共阻抗的寄生耦合、寄生电容耦合、寄生电感耦合、经电磁场的寄生耦合以及波导耦合等。

　　从理论上而言,无论是何种干扰源和经过何种耦合途径在电路上形成的干扰信号(电压或电流),其作用原理均未超出电子电工学的普遍规律,但问题是干扰源、耦合途径及受感电路并未在电路图中标出,甚至“隐藏很深”,常常为查明干扰三要素不得不耗费大量时间和精力。查出干扰三要素后,为消除或抑制干扰而采取的措施也许非常简单(如拨动一根连线的位置),但有时却不得不修改设计或变动安装结构才能解决问题。因此,设计者预先考虑干扰可能的来源及耦合的可能途径并采取一定的措施是十分必要的。

　　抗干扰措施有消除和抑制干扰源、切断干扰源与受感电路间的耦合通道、提高受感电路自身的抗干扰能力。

　　除去在电路设计时可采取提高共模抑制比、正确设置去耦滤波电路、提高或降低输入阻抗、选用光电耦合隔离电路、减小电源内阻以及提高谐振回路选择性等措施外,可采用以下几种方法解决电路的干扰问题。

1. 采用噪声补偿技术

　　噪声补偿技术是一种抑制噪声的方法,是用系统内部电路机制对噪声进行补偿抑制(例如信号抵消、器件补偿等),最大限度地减少噪声对设备或系统的影响,同时也最大限度地抑制系统本身产生的噪声。

2. 选用低噪声的元器件

　　如选用噪声小的集成运算放大器和金属膜电阻等。另外可选用低噪声的前置差动放大电路。由于集成运放内部电路复杂,因此它的噪声较大。即使是“极低噪声”的集成运算放大器,也不如某些噪声小的场效应对管,或双极型超 β 对管,所以在要求噪声系数极低的场合,以挑选噪声小的对管组成前置差动放大电路为宜。

3. 有效屏蔽

　　有效屏蔽是指采用适当的屏蔽技术减少电磁辐射引起的干扰。之所以叫有效屏蔽,是因为屏蔽措施(如对设备的某些电路用金属网屏蔽起来)只能抑制外界对电子系统的干扰,但对电子系统本身的电磁辐射却没有大的抑制或去除效果。

4. 抑制串扰

串扰是指系统不同电路的信号通过系统连线(如地线、电源线等)形成的相互干扰(如电话电路的串音、地线波动干扰等),因此串扰是噪声直接传递的通道。电子系统中的串扰通道主要是电源线和地线。一般的集成电路芯片(特别是数字集成电路)对来自电源的噪声都有很强的抑制能力(例如集成运算放大器输入失调都很小),相反,对系统地电位的波动却十分敏感。抑制串扰的方法有电源隔离、信号隔离、电源地线分离和滤波四种。最简单的是电源地线分离方法,这种方法是把系统不同电路部分的电源线和地线分开,每个电路部分的电源线和地线都从系统电源直接引入,这种方法在抑制高频和低频电路之间以及大功率和小功率电路之间的串扰时十分有效。电源隔离法则是不同电路的电源完全独立,实现不同电路之间的电气隔离。当然,这时有关的电路之间的信号也必须采用隔离电路传递。

5. 消除环路耦合干扰

环路耦合是指因信号或电源线形成环路而引起的干扰。环路干扰不仅引起连接在环路上的电路工作异常,而且会形成电磁辐射,以致干扰其他的仪器设备。消除的方法是解开环路。

6. 合理布线

放大电路输入回路的导线和输出回路、交流电源的导线要分开,不要平行铺设或捆扎在一起,以免相互感应。

7. 选择合理的接地点

在各级放大电路中,如果接地点安排不当,也会造成严重的干扰。例如,在图 4.3.1 中,同一台电子设备的放大电路,由前置级、中间级和功放级组成。当接地点如图中实线所示时,功放级的输出电流是比较大的,此电流通过导线产生的压降,与电源电压一起作用于前置级,引起扰动,甚至产生振荡。此外,还因负载电流流回电源时,造成机壳(地)与电源负极之间电压的波动,而前置级的输入端接到这个不稳定的"地"上,会引起更为严重的干扰。如将接地点改成图中虚线所示,则可克服上述弊端。

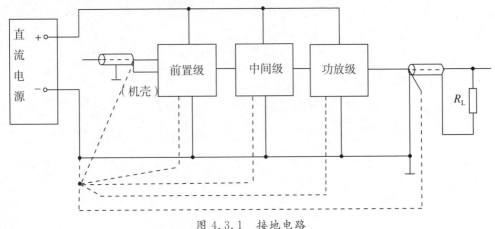

图 4.3.1　接地电路

4.5 撰写设计报告

设计报告的撰写应包括以下内容。

(1)设计项目名称。

(2)内容摘要。

(3)设计任务和要求。

(4)总体方案的选择和论证。内容含曾考虑过的各方案框图、系纺简要原理、系统优缺点以及最终方案的选定理由等。

(5)单元电路的设计、参数计算和元器件的选择。

(6)绘出总体电路图及必要的波形图,并说明电路的工作原理。

(7)组装与调试,内容应含:

①使用的主要仪器仪表。应列出名称、型号、出产厂家和出产年月等。

②测试的数据和波形,必要时应与理论计算结果比较并进行误差分析。

③组装与调试的方法、技巧和注意事项。

④调试中出现的故障、故障原因、故障诊断与排除方法。

(8)所设计电路的特点以及改进意见。

(9)所用元器件的编号列表。列表项目为序号、符号与编号、名称、型号与规格、数量以及必要的说明等。

(10)列出参考文献,格式符合国家标准。

(11)收获、体会和建议。

附录 I　仪器使用说明

一、TBS1102B-EDU 数字存储示波器

(一)产品简介

100MHz 双通道 TBS1102B-EDU 为一般用途的手提式彩色显示数字存储示波器,每个通道 2500 点记录长度,具有如下功能:

(1)上下文相关帮助系统。

(2)自动设置。

(3)自动量程。

(4)设置和波形储存。

(5)用于文件存储的 USB 闪存驱动器端口。

(6)使用 OpenChoice PC 通信软件通过 USB 设备端口实现 PC 通信。

(7)通过可选的 TEK-USB-488 适配器连接到 GPIB 控制器。

(8)光标带有读数。

(9)触发频率读数。

(10)34 项自动测量以及测量选通。

(11)波形平均和峰值检测。

(12)数学函数:+、-和×运算符。

(13)快速傅里叶变换(FFT)。

(14)脉冲宽度触发能力。

(15)可选择行触发的视频触发功能。

(16)外部触发。

(17)变量持续显示。

(18)11 种语言的用户界面和帮助主题。

(19)缩放功能。

(20)双通道独立计数器。

(21)集成于仪器中的教育课件。

(二)使用前的注意事项

1.检查电源电压

通电前先确定后面板电压选择器,设定在与电压相符的位置,以免损坏仪器。

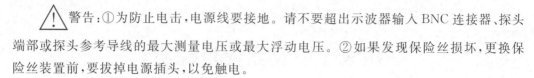

⚠ 警告:①为防止电击,电源线要接地。请不要超出示波器输入 BNC 连接器、探头端部或探头参考导线的最大测量电压或最大浮动电压。②如果发现保险丝损坏,更换保险丝装置前,要拔掉电源插头,以免触电。

2.注意 CRT 的亮度

为了避免永久性损坏 CRT,请勿将光点长时间停驻一处,也不要将波形轨迹调得太亮。

3.注意输入端子的耐压

本示波器及探棒输入端子所能承受的最大电压见表 I.1。请勿使用高于该范围的电压,以免损坏仪器。

表 I.1　输入端子的最大输入电压

输入端	最大输入电压
CH1,CH2 输入端	300V_{RMS}CAT II;超过 100kHz 时以 20dB/倍频程下降至 3MHz 时的 13Vpp AC
EXT TRIG 输入端	300V_{RMS}CAT II

(三)前面板介绍

打开示波器电源后,所有的主要面板设定都会显示在屏幕上。LED 位于前面板用于辅助和指示附加的操作。所有的按钮、旋钮都是电子式选择,它们的功能和设定都可以被存储。

前面板如图 I.1 所示,可以分成五大部分,即显示区域、垂直控制、水平控制、触发控制、菜单和控制按钮。在按下前面板上菜单式按钮时,示波器将在显示屏幕的右侧区域显示相应的菜单选项,这些选项可通过按动屏幕以右面板上未标记的选项按钮进行选定。例如按动前面板上蓝色的"2",即可调出通道 2 的菜单选项,显示在屏幕右侧,按动屏幕以右面板上 5 个长方形未标记的选项按钮(▨,简称屏幕选项按钮)中的第一个,可在通道 2 的"直流""交流""接地"三种输入耦合方式间切换。

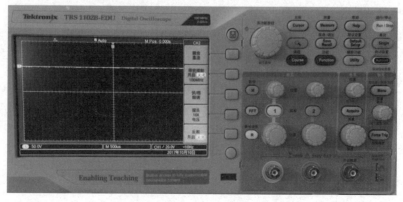

图 I.1　前面板

1. 显示区域

显示区域如图Ⅰ.2所示。

(1)采集读数图标,显示采集运行或停止。图标有:运行图标,表示采集已启用;停止图标,表示采集未启用。

(2)触发位置图标,显示采集的触发位置。旋转"水平位置"旋钮可以调整标记位置。

(3)触发状态读数显示:

①已配备:示波器正在采集预触发数据。在此状态下忽略所有触发。

②就绪:示波器已采集所有预触发数据并准备接受触发。

③已触发:示波器已发现一个触发,并正在采集触发后的数据。

④停止:示波器已停止采集波形数据。

⑤采集完成:示波器已经完成单次采集。

⑥自动:示波器处于自动模式并在无触发的情况下采集波形。

⑦扫描:示波器在扫描模式下连续采集并显示波形数据。

(4)中心刻度读数,显示中心刻度处的时间。触发时间为零。

(5)触发电平图标,显示波形的边沿或脉冲宽度触发电平。图标颜色与触发源颜色相对应。

(6)触发读数,显示触发源、电平和频率。其他触发类型的触发读数显示其他参数。

(7)水平位置/标度读数,显示主时基设置(使用"水平标度"旋钮调节)。

(8)通道读数,显示各通道的垂直标度系数(每格)。使用"垂直标度"旋钮为每个通道调节。

(9)波形基线指示器,显示波形的接地参考点(零伏电平)(忽略偏置效应)。图标颜色与波形颜色相对应。如没有标记,不会显示通道。

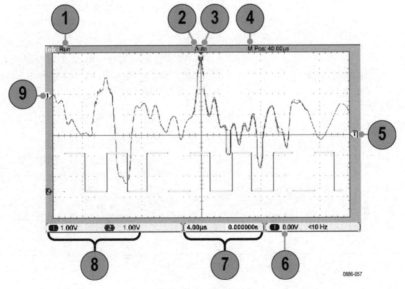

图Ⅰ.2 显示区域

另外,示波器的屏幕底部显示一个信息区域,提供以下几种有用的信息:

(1)建议可能要进行的下一步操作,例如按下"测量(Measure)"按钮,然后按"通道1菜单(Menu)"按钮时将显示:使用通用旋钮选择测量类型。

(2)有关示波器所执行操作的信息,例如按下默认"设置(Default Setup)"按钮时将显示:已调出厂家设置。

2.垂直控制

垂直控制部分如图Ⅰ.3所示。

图Ⅰ.3　垂直控制

(1)通道1(或2)垂直位置(Vertical Position):屏幕上上下移动通道波形,垂直定位波形。

(2)通道1(或2)菜单(Menu):显示垂直菜单选择项并打开或关闭通道波形显示。

每个通道都有单独的垂直菜单。每个选项对应于每个通道进行单独设置。表Ⅰ.2列出了每个通道的垂直菜单。

表Ⅰ.2　通道1或者2的垂直菜单及各选项

菜单	选项	说明
耦合	直流、交流、接地	"直流"既通过输入信号的交流分量,又通过它的直流分量;"交流"将阻止直流分量,并衰减低于10Hz的信号;"接地"会断开输入信号
带宽限制	开启(20MHz①)、关(100MHz)	限制带宽,以便减小显示噪声;过滤信号,以便减小噪声和其他多余的高频分量
伏/格	粗调、细调	选择标度(伏/格)旋钮的分辨率,粗调定义一个1—2—5序列,细调将分辨率改为粗调设置间的小步进
探头	对于电压探头:1X、10X、20X、50X、100X、500X、1000X	按下后可调整"探头"选项将其设置为与电压探头的衰减系数相匹配,以确保获得正确的垂直读数
反相	开、关	相对于参考电平反相(倒置)波形

注①:P2220探头设置为1X,且有效带宽为6 MHz。

(3)通道1或2垂直标度(Vertical Scale):选择垂直标度系数(伏/格)。

（4）数学（M）：按下"数学（M）"按钮可显示数学运算菜单，通过菜单操作可进行两个通道波形的数学运算（CH1＋CH2、CH1－CH2、CH2－CH1、CH1×CH2）。再次按下"数学"按钮可以取消波形数学运算。

（5）FFT：对 CH1 或 CH2 进行快速傅里叶变换。

（6）参考波形（R）：显示参考波形（Reference Menu）以快速显示或隐藏存储在示波器非易失性存储器中的参考波形。参考波形具有下列名称：RefA 和 RefB。

3. 水平控制

水平控制部分如图 I.4 所示。

（1）水平位置（Horizontal Position）：调整所有通道和数学波形的水平位置。这一控制的分辨率随时基设置的不同而改变。要将水平位置设置为零，请按"水平位置"旋钮。

（2）采集（Acquire）：显示采集模式，包括采样、峰值检测和平均。

（3）水平标度（Horizontal Scale）：用于改变水平时间标度（时间/格），以便放大或压缩波形。

图 I.4 水平控制

4. 触发控制

触发控制部分如图 I.5 所示。

（1）触发菜单（Trigger Menu）：按一次时，将显示触发菜单。按住超过 1.5 秒时，将显示触发视图，意味着将显示触发波形而不是通道波形。释放该按钮将停止显示触发视图。

有三种触发类型：边沿、视频和脉冲宽度。使用边沿触发（见表 I.3），可以在达到触发阈值时在示波器输入信号的上升沿或下降沿进行触发；视频触发是指由视频信号的场或线触发，显示 NTSC 或 PAL/SECAM 标准复合视频波形；使用脉冲宽度触发可以触发正常或异常脉冲。对于每种类型的触发，显示相应的一组子菜单。

图 I.5 触发控制

表 I.3　边沿触发子菜单及各可选项

菜单选项	可选项	说明
信源	CH1、CH2、外部、外部/5、市电	将输入信源选为触发信号
斜率	上升、下降	选择触发信号的上升边沿或下降边沿
触发模式	自动、正常	选择触发模式
耦合	交流、直流、噪声抑制、高频抑制、低频抑制	选择应用在触发电路上的触发信号的分量
设置触发释抑		通过"多功能旋钮"调节

关于触发模式，当示波器根据水平标度的设定在一定时间内未检测到触发时，"自动"

模式(默认)会强制其触发。在许多情况下都可使用此模式,例如监测电源输出电平。使用"自动"模式可以在没有有效触发时自由运行采集,此模式允许在100毫秒/格或更慢的时基设置下发生未经触发的扫描波形。当仅想查看有效触发的波形时,才使用"正常"模式。使用此模式时,示波器只有在第一次触发后才显示波形。仅当示波器检测到有效的触发条件时,"正常"模式才会更新显示波形。在用新波形替换原有波形之前,示波器将显示原有波形。

(2)触发电平(Level):使用边沿触发或脉冲触发时,用"位置"旋钮设置采集波形时信号所必须越过的幅值电平。按下该旋钮可将触发电平设置为触发信号峰值的垂直中点(设置为50%)。

(3)强制触发(Force Trig):无论示波器是否检测到触发,都可以使用此按钮完成波形采集。此按钮可用于单次序列采集和"正常"触发模式。(在"自动"触发模式下,如果未检测到触发,示波器会定期自动强制触发)

5.菜单和控制按钮

菜单和控制按钮部分如图Ⅰ.6所示。

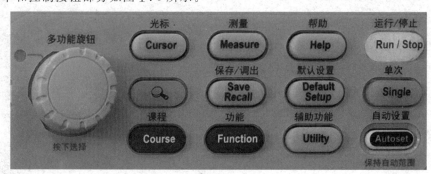

图Ⅰ.6 菜单和控制按钮部分

(1)多功能旋钮(Multipurpose):通过显示的菜单或选定的菜单选项来确定功能。激活时,相邻的LED变亮。表Ⅰ.4列出了所有功能。

表Ⅰ.4 多功能旋钮的功能

活动菜单或选项	旋钮操作	说明
光标	旋转	滚动可定位选定光标
帮助	旋转,按下	加亮显示索引项。加亮显示主题链接。按下可选择加亮显示的项目
数学	旋转,按下	在面板上的"数学"菜单功能里,滚动可确定数学波形的位置和比例;面板上的"测量"菜单里的"数学"选项中,滚动并按下可进行选择操作
FFT	旋转,按下	滚动并按下可选择信源、窗口类型和缩放值
测量	旋转,按下	滚动可加亮显示每个信源的自动测量类型,按下可进行选择
保存/调出	旋转,按下	滚动可加亮显示操作和文件格式,按下可进行选择。滚动文件列表

续表

活动菜单或选项	旋钮操作	说明
触发	旋转,按下	滚动可加亮显示触发类型、信源、斜率、模式、耦合、极性、同步、视频标准、触发操作,按下可进行选择。旋转可设置触发释抑和脉宽值
辅助功能	滚动,按下	滚动可加亮显示其他菜单项,按下可进行选择。旋转可设置背光值
垂直	滚动,按下	滚动可加亮显示其他菜单项,按下可进行选择
缩放	滚动	滚动可更改缩放窗口的比例和位置。

(2)测量(Measure)按钮:显示"自动测量"菜单。有34种测量类型,分为时间测量、幅度测量及其他测量三大类,时间测量大类中有周期、频率、延迟、上升时间、下降时间、相位差等14种;幅度测量大类中有峰峰值、最大值、最小值、周期均方根(RMS)等12种。一次最多可以显示6种。选择测量项后,示波器在屏幕底部显示它们。要进行自动测量,相应的波形通道必须处于"打开"(显示)状态,以便进行测量。

(3)光标(Cursor)按钮:显示测量用光标和"光标(Cursor)"菜单。使用"多功能旋钮"可改变光标1或光标2的位置,活动光标以实线表示。离开光标菜单后,光标保持可见(除非"类型"选项设置为"关闭"),但不可调整。表Ⅰ.5列出了光标菜单及各选项。

表Ⅰ.5 光标菜单及各选项

菜单选项	可设置项	说明
类型①	时间、幅度、关闭	选择"时间"将出现两条垂直光标,用于测量时间、频率和幅度,选择"幅度"将出现两条水平光标,用于测量幅度
信源	CH1、CH2、FFT、数学、参考A、参考B	选择波形进行光标测量,光标读数显示测量值。示波器必须显示波形,才能出现光标和光标读数
Δ		显示光标间的绝对差值(增量) 增量(Δ)值随下列光标类型的不同而不同: 时间光标显示 Δt、$1/\Delta t$ 和 ΔV 等; 幅度光标和幅度游标(FFT信源)显示 ΔV、ΔI 等; 频率光标(FFT信源)显示 $1/\Delta Hz$ 和 ΔdB

注①:对于FFT信源,将测量频率和幅度。

(4)帮助(Help):显示帮助菜单,其主题涵盖了示波器的所有菜单选项和控制。

(5)运行/停止(Run/Stop):连续采集波形或停止采集。

(6)保存/调出(Save/Recall):显示设置和波形的 Save/Recall(保存/调出)菜单。默认情况下,执行"保存"到 USB 闪存驱动器功能。

(7)默认设置(Default Setup):调出厂家设置。

(8)单次(Single):(单次序列)采集单个波形,然后停止。

(9)函数(Function):使用"函数"按钮可访问示波器的计数器功能。可用于测量CH1、CH2、CH1触发、CH2触发信号的频率。

(10)辅助功能(Utility):显示辅助功能菜单。

(11)自动设置(Autoset):自动设置示波器控制状态,以产生适用于输出信号的显示图形。按住超过 1.5 秒时,会显示"自动量程"菜单,并激活或禁用自动量程功能。

(四)应用示例

1. 使用自动设置

要快速显示某个信号,可按如下步骤进行:

(1)按下"1"(通道 1 菜单)按钮。

(2)按下"探头"→"电压"→"衰减",设置为 10X。

(3)如果使用 P2220 探头,请将其开关设置到 10X。

(4)将通道 1 的探头端部与信号连接,将基准导线连接到电路基准点。

(5)按"自动设置"按钮。

示波器自动设置垂直、水平和触发控制。如果要优化波形的显示,可手动调整上述控制。

说明:示波器根据检测到的信号类型在显示屏的波形区域中显示相应的自动测量结果。

2. 进行自动测量

示波器可自动测量多数显示的信号。

要测量信号的频率、周期、峰峰值、幅度、上升时间、下降时间、相位差以及正脉冲宽度、负脉冲宽度、占空比等,遵循以下步骤进行操作:

(1)按下"测量"按钮以查看测量菜单。

(2)按下"CH1"或"CH2"对应的屏幕选项按钮,显示测量选项子菜单。

(3)旋转"多功能旋钮"加亮显示所需测量选项。按动"多功能旋钮"可选择所需的测量。屏幕底部读数将显示测量结果及更新信息。一次最多可以在屏幕上显示 6 种测量。

3. 光标测量

(1)测量波形的周期。步骤如下:

①按前面板"光标"按钮以查看光标菜单。

②按"类型"右边的屏幕选项按钮,将出现弹出菜单,显示可用光标类型的可滚动列表:关闭、幅度、时间。

③旋转"多功能旋钮"加亮显示"时间"。

④按"多功能旋钮"旋钮选择"时间"。

⑤按"光标 1"右边的屏幕选项按钮。

⑥旋转"多功能旋钮",将光标置于波形一个周期的起始处。

⑦按"光标 2"右边的屏幕选项按钮。

⑧旋转"多功能旋钮",将光标置于波形一个周期的结束处。

此时可在光标菜单中看到以下测量结果:光标 1 处显示相对于触发的时间;光标 2 处显示相对于触发的时间;表示波形一个周期测量结果的时间增量 Δt(见图 I.7),此时该

Δt 的值即为波形的周期。

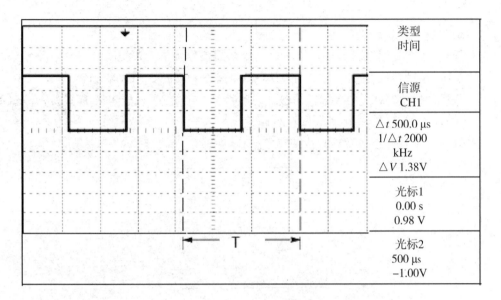

类型
时间

信源
CH1

$\triangle t$ 500.0 μs
1/$\triangle t$ 2000
kHz
$\triangle V$ 1.38V

光标1
0.00 s
0.98 V

光标2
500 μs
−1.00V

图 I.7　用光标测量法测量波形的周期

(2)测量波形的峰峰值。步骤如下：

①按下"Cursor(光标)"按钮以查看光标菜单。

②按下"类型"右边的屏幕选项按钮,将出现弹出菜单,显示可用光标类型的可滚动列表。

③旋转"多功能旋钮"加亮显示"幅度"。

④按下"多功能旋钮"选择"幅度"。

⑤按下"光标 1"右边的屏幕选项按钮。

⑥旋转"多功能旋钮",将光标置于波形的波谷处。

⑦按下"光标 2"右边的屏幕选项按钮。

⑧旋转"多功能旋钮",将光标置于波形的波峰处。

此时光标菜单中的增量 ΔV 的读数即为波形的峰峰值。

4.频率和相位的比较(X-Y 操作)

使用 X-Y 模式来比较两个信号的相位,X-Y 波形显示不同的振幅、频率、相位,图 I.8所示为两个相同频率和振幅所组成的波形,大约有 45°的相位差。为使示波器设定在 X-Y模式,按以下步骤进行：

(1)按下"1"(通道 1 菜单)按钮。

(2)按下"探头"→"电压"→"衰减",设置为 10X。

(3)按下"2"(通道 2 菜单)按钮。

(4)按下"探头"→"电压"→"衰减"设置为 10X。

(5)如果使用 P2220 探头,请将其开关设置到 10X。

（6）将通道 1 的探头连接到被测电路的输入端，将通道 2 的探头连接到被测电路的输出端。

（7）按"自动设置"按钮。

（8）旋转"垂直标度"旋钮，使每个通道上显示的信号幅值大致相同。

（9）按下"辅助功能"按钮，按"显示"以右的屏幕选项按钮，查看"显示"菜单。

（10）按下"格式"对应的屏幕选项按钮，通过"多功能旋钮"选定 X-Y 模式。示波器即显示一个李沙育图形。

（11）旋转"垂直标度"和"垂直位置"旋钮以优化显示。

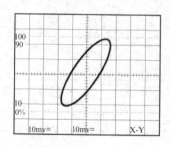

图 Ⅰ.8　典型单个 X-Y 显示

注意，在 X-Y 显示格式中，下列功能不可用：

（1）自动设置（复位显示格式为 YT）。

（2）自动量程。

（3）自动测量。

（4）光标。

（5）参考波形或数学计算波形。

（6）"保存/调出"→"全储存"。

（7）时基控制。

（8）触发控制。

关于 TBS1102B-EDU 数字存储示波器更详细的介绍，参见产品用户手册。

二、AFG1022 函数信号发生器

AFG1022 函数信号发生器具有 2 路输出通道，能产生和输出 5 种标准波形（正弦波、方波、锯齿波、脉冲波和噪声）和任意波。可以创建、编辑、保存自定义波形。还可以输出调制波和突发脉冲串。正弦波最高频率为 25MHz 的、12.5MHz 脉冲波、2 到 8192 个采样点的 14 位任意波，取样速率 125MS/S。输出波形幅度在输出匹配高阻抗下为 2mVpp～20Vpp，在匹配 50Ω 阻抗时为 1mVpp～10Vpp。配备 TFTLCD 彩色显示屏和 USB 接口。

(一)仪器前面板、接口和后面板

1.前面板概述

前面板被分成几个易于操作的功能区,如图Ⅰ.9所示。

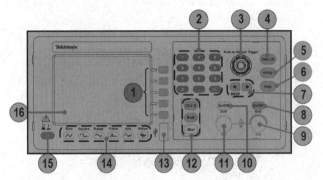

图Ⅰ.9　AFG1022函数信号发生器前面板示意

(1)屏幕选项按钮。

(2)数字键盘,包括数字、小数点、正负号。

(3)通用旋钮。

(4)通道复制功能。

(5)辅助功能。

(6)帮助功能。

(7)箭头按钮允许在更改幅度、相位、频率或其他此类数值时在显示屏上选择特定的数字。

(8)通道2开/关按钮。

(9)通道2输出连接器。

(10)通道1开/关按钮。

(11)通道1输出连接器。

(12)CH1/2:屏幕上通道切换按钮。Both:屏幕上同时显示2通道参数;Mod:运行模式按钮,显示连续、调制、扫频、突发脉冲串4种模式。

(13)USB连接器。

(14)波形类型按钮。

(15)电源按钮。

(16)屏幕界面区。

2.屏幕界面

屏幕界面如图Ⅰ.10所示。

(1)屏幕菜单:按下前面板按钮时,仪器在屏幕右侧显示相应的菜单。该菜单显示直接按下屏幕选项按钮时可用的选项。

(2)图形/波形显示区:该主显示区部分以图形或波形的形式显示信号。

(3)参数显示区:该主显示区部分显示活跃的参数。

（4）消息显示区：显示负载阻值。

（5）消息显示区：显示通道名称。

（6）参数显示区：显示周期值。

（7）消息显示区：显示当前信号类型或当前模式。

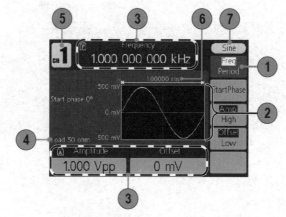

图 Ⅰ.10　AFG1022 函数信号发生器屏幕界面示意

3. 默认设置

如果希望将仪器设置恢复为默认值，请按以下方式使用前面板"辅助功能"按钮。

（1）按下前面板"辅助功能（Utility）"按钮。

（2）按下"System"屏幕选项按扭。

（3）按下"Set_to Default（设为出厂值）"屏幕选项按钮。

（4）选择以下项之一：

①Select（确定），可调出默认设置；仪器将显示一频率为 1kHz、峰峰值为 1V 的正弦波形作为默认设置。

②Cancel（取消），可取消调出并返回到上一个菜单。

4. 选择波形

表Ⅰ.6列出了调制类型和输出波形形状的组合。

表Ⅰ.6　调制类型和输出波形形状的组合

	正弦波、方波、锯齿波	脉冲波	噪声	任意波形
AM	√			√
FM	√			√
调相	√			√
频移键控	√			√
扫描	√			√
突发脉冲	√	√		√
连续模式	√	√	√	√

5.选择运行模式

按下"Mod(模式)"面板按钮,按 4 个运行模式屏幕选项按钮之一,选择仪器的信号输出方式。在 AFG1022 中,调制、扫频、突发脉冲模式只适用于通道 1。

(1)默认运行模式为"Continuous(连续模式)"。

(2)要选择调制波形,按下"Mod(调制模式)"屏幕选项按钮。

(3)要选择扫频波形,按下"Sweep(扫频模式)"屏幕选项按钮。

(4)要选择突发脉冲串,按下"Burst(突发脉冲模式)"屏幕选项按钮。

6.调节波形参数

(1)要更改频率,按下前面板"Freq/Period(频率/周期)"屏幕选项按钮。多次按下可切换 Freq(频率)和 Period(周期),白底高亮表示该参数被选中。直接使用"通用旋钮"设置频率值,按◀/▶方向键可左右移动光标。

(2)也可按数字键盘,在弹出输入框中输入数值并选择单位来设置频率值。数字键输入有错误时,按◀ BKSP 从最末尾开始往前一次删除字符。按"Cancel(取消)"屏幕选项按钮取消输入。说明:可以用同样的方法改变 Period(周期)、StartPhase(起始相位)、Ampl(幅度)、High(高电平)、Offset(偏置)、Low(低电平)。

7.通道选择

按下前面板 CH1/2 按钮,控制屏幕显示。可以在两个通道之间切换。

8.打开/关闭输出

(1)要启用 CH1(通道 1)信号输出,请按前面板 Out1 上方黄色 On/Off 按钮。

(2)要启用 CH2(通道 2)信号输出,请按前面板 Out2 上方蓝色 On/Off 按钮。

在打开状态时,对应通道按钮中的 LED 亮起。

9.同时显示两个通道

(1)按下前面板"Both"按钮可同时显示两个通道的参数。

(2)按下前面板"CH1/2"按钮切换可修改的通道。

(3)按前面板"波形类型"按钮可选择当前通道的波形。

(4)按屏幕选项按钮可选择对应的参数;再按可切换当前参数,如频率切换为周期。转动通用旋钮可修改当前光标处的数值,按◀/▶方向键左右移动光标。(此时无法用数字键盘输入)

10.后面板

后面板如图 I.11 所示。

图 I.11 后面板

(二)操作基础

1.如何选择波形和调整参数

(1)按仪器上的电源按钮。

(2)用 BNC 电缆将仪器的通道输出连接到示波器输入端。

(3)选择要输入的波形类型。

(4)打开信号输出开关。

(5)观察示波器屏幕上显示的波形。

(6)使用 AFG1022 函数信号发生器的前面板屏幕选项按钮选择波形参数。

(7)选择频率作为要更改的参数。

(8)使用数字键更改频率值。

(9)使用"通用旋钮"和方向键更改波形参数。

2.如何生成正弦波形

(1)按前面板"Sine(正弦波)"按钮。

(2)开机默认为连续模式,如果不在此模式下,按前面板"Mod"按钮,在屏幕选项按钮中选"Continuous"。

(3)按前面板中通道 1 或 2 的"On/Off"按钮以启用输出。该按钮灯应亮起。

3.产生脉冲波形

(1)按下前面板"Pulse(脉冲波)"按钮。

(2)按"Width/DutyCyc(脉宽/占空比)"屏幕选项按钮并根据需要调整参数。其他参数可按照同样的方法进行调整。

4.输出内建波形

(1)按下前面板"Arb(任意波)"按钮。

(2)请参照如何产生正弦波来调整任意波参数。

(3)按"Others(其他)"屏幕选项按钮。

(4)按"Built-in(内建波形)"屏幕按钮,出现内建波形种类菜单。

(5)按"Common(常用)""Maths(数学)""Window(窗函数)""Others(其他)"屏幕选

项按钮进入内建波形详细列表。使用前面板"通用旋钮"在列表中选中一个文件并按"Select(确定)",或按"Cancel(取消)"取消操作。

5.产生直流

(1)按下前面板上的"Arb(任意波)"波形按钮。

(2)按"Others(其他)"屏幕选项按钮。

(3)按"Built-in(内建波形)"屏幕选项按钮。

(4)按"Others(其他)"屏幕选项按钮。

(5)选择 DC,按"Select(确定)"屏幕选项按钮,即可输出直流。

说明:不能对直流波形进行调制、扫频或突发脉冲操作。

6.辅助功能菜单

通过辅助功能菜单可以访问仪器所使用的辅助功能,如系统相关菜单、本地语言选项。按下前面板 Utility(辅助功能)按钮以显示 Utility 菜单,如图Ⅰ.12 所示,有如下 5 个菜单项:

(1)显示设置相关菜单。

(2)频率计相关菜单。

(3)输出设置相关菜单。

(4)System 相关菜单。

(5)保存/调出仪器设置菜单

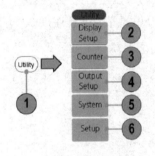

图Ⅰ.12 辅助功能菜单

附录Ⅱ 万用表对常用电子元器件的检测方法

用万用表可以对晶体二极管、晶体管、电阻、电容等进行粗测。指针式万用表电阻挡等效电路如图Ⅱ−1所示,其中的 R_0 为等效电阻,E_0 为表内电池,当万用表处于 $R\times 1$、$R\times 100$、$R\times 1k$ 挡时,一般,$E_0 = 1.5V$,而处于 $R\times 10k$ 挡时,$E_0 = 15V$ 或 $9V$。测试电阻时要记住,红表笔接在表内电池负端(表笔插孔标"＋"号),而黑表笔接在正端(表笔插孔标"−"号)。

一、二极管管脚极性、质量的判别

二极管由一个 PN 结组成,具有单向导电性,其正向电阻小而反向电阻大(一般为几十千欧至几百千欧以上),利用此点可进行判别。

(一)二极管引脚极性判别

将万用表拨到 $R\times 100$(或 $R\times 1k$)的欧姆挡,一般不要用 $R\times 1$ 或 $R\times 10k$ 挡,因为 $R\times 1$ 挡使用的电流大,容易损坏管子,$R\times 10k$ 挡电压高,可能击穿管子。把二极管的两只管脚分别接到万用表的两根测试笔上,如图Ⅱ.2所示。如果测出的电阻较小(约几十到几百欧姆),则与万用表黑表笔相接的一端是正极,另一端就是负极。相反,如果测出的电阻较大(约几十至几百千欧),那么与万用表黑表笔相连接的一端是负极,另一端就是正极。

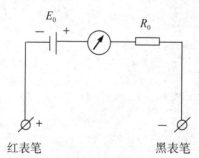

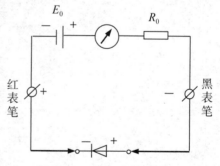

图Ⅱ.1 指针式万用表电阻挡等效电路

图Ⅱ.2 判断二极管极性

利用数字万用表的二极管挡也可判别正、负极,此时红表笔(插在"V·Ω"插孔)带正电,黑表笔(插在"COM"插孔)带负电。用两支表笔分别接触二极管两个电极,若显示电压值较小,只有零点几伏,说明管子处于正向导通状态,红表笔接的是正极,黑表笔接的是负极。若显示 OPEN 或溢出等号,表明管子处于反向截止状态,黑表笔接的是正极,红表笔接的是负极。

(二)二极管质量判别

一个二极管的正、反向电阻差别越大,其性能就越好。如果双向阻值都较小,则说明二极管质量差,不能使用;如果双向阻值都为无穷大,则说明该二极管已经断路。如双向阻值均为零,说明二极管已击穿。

二、双极型晶体三极管管型、管脚、质量判别

通常根据三极管外壳上的型号辨别出它的类型,如 3GD6,表明它是 NPN 高频小功率硅三极管。再通过查相关资料获知其主要参数。根据封装类型,可确定管脚排列。图Ⅱ.3 所示为几种双极型晶体管的管脚排列。

(a)铁壳封装 3DG 系列　　(b)塑封 90×× 系列　　(c)铁壳封装 3DD、3AD 系列

图Ⅱ.3　三极管管脚排列

除了直接通过三极管的型号和封装类型简单判断三极管的类型和管脚外,也可用万用表判断。下面具体介绍利用万用表的简单测量方法。

可以把双极型晶体三极管的结构看作是两个背靠背的 PN 结,对 NPN 型管来说基极是两个 PN 结的公共阳极,对 PNP 型管来说基极是两个 PN 结的公共阴极,分别如图Ⅱ.4(a)和(b)所示。

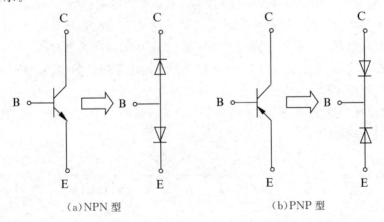

(a)NPN 型　　　　　　　　　　　(b)PNP 型

图Ⅱ.4　双极型晶体三极管结构

(一)管型与基极的判别

万用表置电阻挡,量程选 1k 挡(或 $R \times 100$),将万用表任一表笔先接触某一个电极(假定的公共极),另一表笔分别接触其他两个电极,当两次测得的电阻均很小(或均很大),则前者所接电极就是基极;如果两次测得的阻值一大一小,相差很多,则前者假定的基极有错,应更换其他电极重测。

根据上述方法,可以找出公共极,该公共极就是基极 B,若公共极是阳极,该管属 NPN 型管,反之则是 PNP 型管。

（二）发射极、集电极的判别以及质量粗判

为使三极管具有电流放大作用，发射结需加正偏置，集电结加反偏置。如图Ⅱ.5所示，当三极管基极 B 确定后，便可判别集电极 C 和发射极 E，同时还可以大致了解穿透电流 I_{CEO} 和电流放大系数 β 的大小。

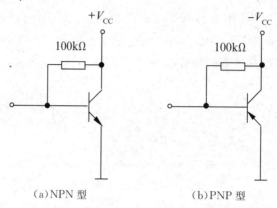

（a）NPN 型 　　　　　　（b）PNP 型

图Ⅱ.5　双极管晶体三极管的偏置情况

以 PNP 型管为例，若用红表笔（对应表内电池的负极）接集电极 C，黑表笔接 E 极，此为 C、E 极间电源正确接法，如图Ⅱ.6 所示，这时万用表指针摆动很小，它所指示的电阻值反映管子穿透电流 I_{CEO} 的大小（电阻值大，表示 I_{CEO} 小）。如果在 C、B 间跨接一只 $R_B =100\mathrm{k}\Omega$ 的电阻，此时万用表指针将有较大摆动，它指示的电阻值较小，反映了集电极电流 $I_C = I_{CEO} + \beta I_B$ 的大小。且电阻值减小越多表示 β 越大。如果 C、E 极接反（相当于 C—E 间电源极性反接），则三极管处于倒置工作状态，此时电流放大系数很小（一般<1），于是万用表指针摆动很小。因此，比较 C、E 极间两种不同电源极性的接法，便可判断 C 极和 E 极了。同时还可大致了解穿透电流 I_{CEO} 和电流放大系数 β 的大小。如万用表上有 β 测量功能，则可直接测量 β。另外，要准确地了解一只三极管的类型、性能与能数，可用专用的测量仪器进行测试。

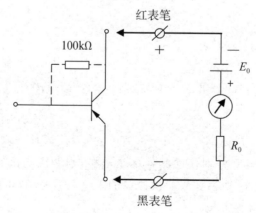

图Ⅱ.6　双极型晶体三极管集电极 C、发射极 E 的判别

三、检查整流桥堆的质量

整流桥堆是把 4 只硅整流二极管接成桥式电路,再用环氧树脂(或绝缘塑料)封装而成的半导体器件。桥堆有交流输入端(A、B)和直流输出端(C、D),如图Ⅱ.7 所示。采用判定二极管的方法可以检查桥堆的质量。从图中可以看出,交流输入端 A、B 之间总会有 2 只二极管处于截止状态,使 A、B 间总电阻趋向于无穷大。直流输出端 D、C 间的正向压降则等于 2 只硅二极管的压降之和。因此,用数字万用表的二极管挡测量 A、B 间的正、反向电压时均显示溢出,而测 D、C 间电压时显示大约为 1.2V,则证明桥堆内部无短路现象。如果有 1 只二极管已经击穿(短路),那么测量 A、B 间的正、反向电压时,必定有一次显示 0.6V 左右。

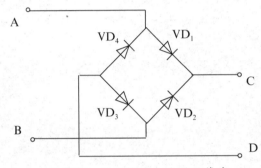

图Ⅱ.7 整流桥堆电路图及管脚

四、电容的测量

电容的测量,一般应借助于专门的测试仪器。通常用电桥或数字万用表的电容测量挡进行测量。用指针式万用表仅能粗略地检查一下电解电容是否失效或有漏电情况。

用指针式万用表粗测电容的电路如图Ⅱ.8 所示。

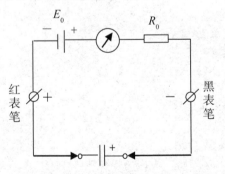

图Ⅱ.8 用指针式万用表粗测电容的电路

测量前应先将电解电容的两个引出线短接一下,使其上所充的电荷释放。然后将万用表置于 1k 挡,并将电解电容的正、负极分别与万用表的黑表笔、红表笔接触。在正常情况下,可以看到表头指针先是产生较大偏转(向零欧姆处),以后逐渐向起始零位(高阻值处)返回。这反映了电容器的充电过程,指针的偏转反映电容器充电电流的变化情况。

一般说来,表头指针偏转越大,返回速度越慢,则说明电容器的容量越大,若指针返回到接近零位(高阻值),说明电容器漏电阻很大,指针所指示电阻值即为该电容器的漏电阻。对于合格的电解电容器而言,该阻值通常在 $500k\Omega$ 以上。电解电容在失效时(电解液干涸,容量大幅度下降)表头指针就偏转很小,甚至不偏转。已被击穿的电容器,其阻值接近于零。

对于容量较小的电容器(云母、瓷质电容等),原则上也可以用上述方法进行检查,但由于电容量较小,表头指针偏转也很小,返回速度又很快,实际上难以对它们的电容量和性能进行鉴别,仅能检查它们是否短路或断路。这时应选用 $R \times 10k$ 挡测量。

有的数字万用表具有测量电容值的功能,只需把数字万用表置于测电容挡,两支表笔分别接电容两端,即可测出电容值。

附录Ⅲ　电阻器标称值及精度的色环标志法

色环标志法是用不同颜色的色环在电阻器表面标称阻值和允许偏差。

一、两位有效数字的色环标志法

普通电阻器用四条色环表示标称阻值和允许偏差,其中三条表示阻值,一条表示偏差,如图Ⅲ.1所示。

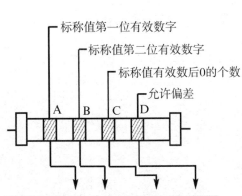

颜色	第一有效数	第二有效数	倍率	允许偏差
黑	0	0	10^0	
棕	1	1	10^1	
红	2	2	10^2	
橙	3	3	10^3	
黄	4	4	10^4	
绿	5	5	10^5	
蓝	6	6	10^6	
紫	7	7	10^7	
灰	8	8	10^8	
白	9	9	10^9	$+50\%$ -20%
金			10^{-1}	$\pm5\%$
银			10^{-2}	$\pm10\%$
无色				$\pm20\%$

颜色	第一有效数	第二有效数	第三有效数	倍率	允许偏差
黑	0	0	0	10^0	
棕	1	1	1	10^1	$\pm1\%$
红	2	2	2	10^2	$\pm2\%$
橙	3	3	3	10^3	
黄	4	4	4	10^4	
绿	5	5	5	10^5	$\pm0.5\%$
蓝	6	6	6	10^6	$\pm0.25\%$
紫	7	7	7	10^7	$\pm0.1\%$
灰	8	8	8	10^8	
白	9	9	9	10^9	
金				10^{-1}	
银				10^{-2}	

图Ⅲ.1　两位有效数字的阻值色环标志法　　　　图Ⅲ.2　三位有效数字的阻值色环标志法

二、三位有效数字的色环标志法

精密电阻器用五条色环表示标称阻值和允许偏差,如图Ⅲ.2所示。

三、示例

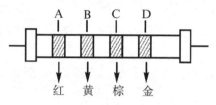

该电阻标称值及精度为:

$24 \times 10^1 = 240\Omega$,精度:$\pm 5\%$

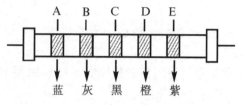

该电阻标称值及精度为:

$680 \times 10^3 = 680k\Omega$,精度:$\pm 0.1\%$

附录 Ⅳ

学生实验报告页

实验报告 1

实验项目:常用电子仪器的使用

姓　　名_____　　学　　号_____

专业班级_____　　实验日期_____

一、实验目的

二、实验原理简述(可加页)

三、实验内容及实验数据

1. 用示波器和交流毫伏表测量正弦电压信号的参数

（1）记录交流毫伏表测得的正弦电压有效值，$U=$＿＿＿＿＿＿＿。

（2）用示波器刻度读数法/光标法/自动测量功能测量正弦电压的峰峰值、有效值、周期和频率。记入表Ⅳ.1.1。

表Ⅳ.1.1 用示波器测量正弦电压的参数

	示波器测量值			
	峰峰值 $U_{PP}(V)$	有效值 $U(V)$	周期 $T(ms)$	频率 $f(kHz)$
刻度读数法				
光标法				
自动测量法				

2. 常用电子元件参数测试

表Ⅳ.1.2 常用电子元器件主要参数测试

电阻测量	标称值 R_N	允许偏差	实测值 R	偏差计算
电位器测量	标称值	最大阻值	最小阻值	是否损坏
二极管测量	型号	正向电阻	反向电阻	是否损坏
电容测量	标称值	实测值		

3. 测量两波形间相位差

表Ⅳ.1.3 两波形相位差的测量数据

一周期格数 D_x	两波形水平方向的差距 D（格）	相位差 φ		u_R 与 u_i 的相位关系
		实测值	理论计算值	

RC 移相网络 u_i 和 u_R 波形记录：

将实测的相位差与理论值比较，分析产生误差的原因：

4.二极管单向限幅电路的测试

输入电压 u_i 和输出电压 u_o 波形记录：

四、实验设备与元器件

序号	名称	型号规格	数量	序号	名称	型号规格	数量
1	模拟电子技术实验箱			5	万用表		
2	示波器			6	直流稳压电源		
3	函数信号发生器			7	主要元器件		
4	交流毫伏表						

五、实验中出现的问题和解决办法、实验注意事项

六、思考题及解答

1.用示波器观察波形时,要达到以下要求,应调节哪些按钮和旋钮?

(1)波形稳定显示;

(2)移动波形上下、左右位置;

(3)改变波形垂直方向的大小;

(4)改变波形显示周期数。

2.用示波器观测图1.1.6中输出电压时,把示波器的输入耦合方式置为"交流"时观测到的波形,和输入耦合方式置为"直流"时观测到的波形相比有什么差别?

3.用交流毫伏表测量正弦波电压信号,其读数是正弦波信号的什么参数? 能否测量非正弦波信号?

实验报告 2

实验项目:晶体管共发射极放大电路研究

姓　　名＿＿＿＿＿＿　　学　　号＿＿＿＿＿＿

专业班级＿＿＿＿＿＿　实验日期＿＿＿＿＿＿

一、实验目的

二、实验原理简述(可加页)

三、实验内容及实验数据

1. 连接电路

按原理图接成实际电路。

2. 调测静态工作点

表 Ⅳ.2.1　静态工作点测量数据

实际测量值				测量计算值		
$U_E(V)$	$U_C(V)$	$U_B(V)$	$R_{b1}(k\Omega)$	$U_{CE}(V)$	$U_{BE}(V)$	$I_C(mA)$

判断三极管工作于_____状态。

3. 调测电压放大倍数 A_u

表 Ⅳ.2.2　电压放大倍数测量数据

U_i (mV)	有负载的情况,$R_L=$_____			负载断开的情况,$R_L=\infty$		
	$U_o(V)$	A_u 理论估算值	A_u 实际测量值	$U_{oc}(V)$	A_u 理论估算值	A_u 实际测量值

将实测值 A_u 与其理论估算值进行比较分析:

4. 调测放大电路输入电阻 R_i 和输出电阻 R_o

表 Ⅳ.2.3　输入电阻和输出电阻测量数据

U_s (mV)	测输入电阻 R_i		测量计算值	理论估算值	测输出电阻 R_o			测量计算值	理论估算值
	实际测量值				实际测量值				
	U_i (mV)	R_s (kΩ)	R_i (kΩ)	R_i (kΩ)	$U_o(V)$ (接 R_L 时)	$U_{oc}(V)$ ($R_L=\infty$)	R_L (kΩ)	R_o (kΩ)	R_o (kΩ)

5. 观察静态工作点调试不当引起的输出波形失真

表 Ⅳ.2.4　静态工作点调试不当引起的放大器工作情况记录（$R_L \to \infty$）

静态工作点		失真类型	工作状态	u_o 波形
$I_C(mA)$	$U_{CE}(V)$			

6. 调测最大不失真输出电压与输入电压

表 Ⅳ.2.5　最大不失真输出电压和输入电压测试数据

负载 R_L	$I_C(mA)$	$U_{im}(mV)$	$U_{om}(V)$	$U_{opp}(V)$
$3k\Omega$				
∞				

讨论 R_L 对放大器电压放大倍数、输入电阻、输出电阻的影响：

四、实验设备与元器件

序号	名称	型号规格	数量	序号	名称	型号规格	数量
1	模拟电子技术实验箱			5	万用表		
2	示波器			6	直流稳压电源		
3	函数信号发生器			7	主要元器件		
4	交流毫伏表						

五、实验中出现的问题和解决办法、实验注意事项

六、思考题及解答

1. 当调节偏置电阻 R_w，使放大器输出波形出现饱和或截止失真时，晶体管的管压降 U_{CE} 怎样变化？

2. 如何判断截止失真和饱和失真？

3. 要使输出波形不失真且幅值最大，最佳的静态工作点是否应选在直流负载线的中点处？

4. 测试中，如果将函数信号发生器、交流毫伏表、示波器中任一仪器接地端不再连在一起，将会出现什么问题？

实验报告 3

实验项目:集成运放组成的基本运算电路设计

姓　　名＿＿＿＿＿＿　　学　　号＿＿＿＿＿＿

专业班级＿＿＿＿＿＿　　实验日期＿＿＿＿＿＿

一、实验目的

二、实验原理简述(可加页)

三、实验内容及实验数据

1. 反相比例运算电路(反相放大电路)

电压放大倍数 A_u 的测试:

表Ⅳ.3.1　反相比例运算电路测量数据

$U_i(V)$	$U_o(V)$	A_u(实测计算值)	A_u(理论值)	A_u相对误差
0.2				

上限频率的测试:

表Ⅳ.3.2　反相比例运算电路上限频率测试数据

f (Hz)	U_i (mv)	U_o (V)	$0.707U_o$ (V)	f_H (Hz)	100kHz 时 u_I、u_O 波形	500kHz 时 u_I、u_O 波形
1000	300					

把输入信号频率逐步增加到 100kHz、500kHz,从示波器上看输出信号波形随信号频率的增加发生了什么变化? 并记录相关波形如下:

100kHz 时 u_I、u_O 波形:

500kHz 时 u_I、u_O 波形:

2. 同相比例运算电路(同相放大电路)

表Ⅳ.3.3　同相放大电路放大倍数测量数据表

$U_i(V)$	$U_o(V)$	A_u(实测计算值)	A_u(理论值)	A_u的相对误差
0.5				

3. 加法运算电路

表Ⅳ.3.4　加法运算电路测试数据表

U_{I1} (V)	U_{I2} (V)	$U_O(V)$ (实际测量值)	$U_O(V)$ (理论值)	U_O的 相对误差	R_1 (Ω)	R_2 (Ω)	R_3 (Ω)	R_f (Ω)
0.2	0.3							

4. 减法运算电路(差分放大电路)

表 Ⅳ.3.5　减法运算电路测试数据

U_{I1} (V)	U_{I2} (V)	U_O (V) (实际测量值)	U_O (V) (理论值)	U_O 的 相对误差	R_1 (Ω)	R_2 (Ω)	R_3 (Ω)	R_f (Ω)
0.2	0.5							

将理论估算值和实测数据进行比较,分析产生误差的原因:

5. 积分运算电路

记录实测的输入和输出波形,并与理论分析情况进行比较:

四、实验设备与器件

序号	名称	型号规格	数量	序号	名称	型号规格	数量
1	模拟电子技术实验箱			5	万用表		
2	示波器			6	直流稳压电源		
3	函数信号发生器			7	主要元器件		
4	交流毫伏表						

五、实验中出现的问题和解决办法、实验注意事项

六、思考题及解答

1.本实验内容中各运算电路均工作于线性状态还是非线性状态?

2.为什么各电路工作之前必须先调零?用什么方法进行调零?

3.集成运算放大电路能放大交、直流信号,当取交流信号作为输入信号时,应考虑运放的哪些因素?

4.实验中若将正、负电源的极性接反或输出端短路,将会产生什么后果?

实验报告 4

实验项目:*RC* 桥式正弦波振荡设计

姓　　名＿＿＿＿＿＿　学　　号＿＿＿＿＿＿

专业班级＿＿＿＿＿＿　实验日期＿＿＿＿＿＿

一、实验目的

二、实验原理简述(可加页)

三、实验内容及实验数据

不失真时的输出电压有效值 $U_o=$ _____（V）。

用不同的方法测量振荡频率：

去掉两个二极管，再细调电位器 R_w，观察输出波形的稳幅情况：

测量选频网络的选频特性：

表 Ⅳ.4.1　相频特性测量数据

	f(Hz)	φ_f(实际测量值)	φ_f(理论值)
$f=f_0$ 时			
$f=f_0/5$ 时			
$f=5f_0$ 时			

表 Ⅳ.4.2　幅频特性测量数据表

	f(Hz)	U_i(V)	U_F(V)	F_u （实际测量值）	F_u （理论值）
$f=f_0$ 时					
$f=\dfrac{1}{5}f_0$ 时					
$f=5f_0$ 时					

画 RC 串并联选频网络的幅频特性和相频特性曲线（画坐标轴，坐标轴上标相应刻度）：

将实验测得的数据与理论估算值比较,分析产生误差的原因:

四、实验设备与器件

序号	名称	型号规格	数量	序号	名称	型号规格	数量
1	模拟电子技术实验箱			5	万用表		
2	示波器			6	直流稳压电源		
3	函数信号发生器			7	主要元器件	741 运放	
4	交流毫伏表						

五、实验中出现的问题和解决办法、实验注意事项

六、思考题及解答

1. 简述二极管稳幅环节的稳幅原理。

2. 实验中怎样判断振荡电路满足了振荡条件?

3. 实验电路中振荡频率主要与哪些参数有关?

实验报告 5

实验项目:差分放大电路研究

姓　　名＿＿＿＿＿＿　　学　　号＿＿＿＿＿＿

专业班级＿＿＿＿＿＿　　实验日期＿＿＿＿＿＿

一、实验目的

二、实验原理简述(可加页)

三、实验内容及实验数据

1. 典型差动放大器性能测试

（1）调测静态工作点。

表 Ⅳ.5.1 静态工作点数据

实际测量值	U_{C1}(V)	U_{B1}(V)	U_{E1}(V)	U_{C2}(V)	U_{B2}(V)	U_{E2}(V)	U_{RE}(V)
测量计算值	U_{CE1}(V)	U_{BE1}(V)	U_{CE2}(V)	U_{BE2}(V)	I_{C1}(mA)	I_{C2}(mA)	I_{RE}(mA)

（2）调测差模电压放大倍数。

（3）调测共模电压放大倍数。

（4）计算共模抑制比。

将结果记入表 Ⅳ.5.2。

表 Ⅳ.5.2 动态参数测量数据表

	典型差分放大电路		具有恒流源差分放大电路	
	双端差模输入	共模输入	双端差模输入	共模输入
U_{i1}(V)				
U_{i2}(V)		/		/
U_{o1}(V)				
U_{o2}(V)				
U_o(V)				
$A_{ud1}=\dfrac{U_{o1}}{U_{id}}$		/		/
$A_{ud}=\dfrac{U_o}{U_{id}}$		/		/
$A_{uc1}=\dfrac{U_{o1}}{U_{ic}}$	/		/	
$A_{uc}=\dfrac{U_o}{U_{ic}}$	/		/	
$K_{CMR}=\left\lvert\dfrac{A_{ud1}}{A_{uc1}}\right\rvert$				

2. 具有恒流源的差分放大电路性能测试

重复内容 1 中(1)~(4)的要求，将结果记入表 Ⅳ.5.2。

比较实验结果和理论估算值,分析误差原因:

四、实验设备与元器件

序号	名称	型号规格	数量	序号	名称	型号规格	数量
1	模拟电子技术实验箱			5	万用表		
2	示波器			6	直流稳压电源		
3	函数信号发生器			7	主要元器件		
4	交流毫伏表						

五、实验中出现的问题和解决办法、实验注意事项

六、思考题及解答

1. 为什么在测量差分放大电路的静态工作点和动态指标前,一定要对差分放大电路进行静态调零? 调零时用什么仪表来测量 U_o 的值?

2.测量静态工作点时,放大器输入端 A、B 与地应如何连接?

3.测量差模电压放大倍数时,放大电路输入端 A、B 与信号源之间应如何连接?

4.测量共模电压放大倍数时,放大电路输入端 A、B 与信号源之间应如何连接?

参考文献

[1] 金燕,李如春,贾立新,等.模拟电子技术实验与课程设计[M].武汉:华中科技大学出版社,2020.

[2] 金燕,周武杰,李如春,等.模拟电子技术[M].北京:科学出版社,2021.

[3] 贾立新,倪洪杰,王辛刚.电子系统设计与实践[M].4版.北京:清华大学出版社,2019.

[4] [美]托马斯 L.弗洛伊德(Thomas L. Floyd),大卫 M.布奇拉(David M. Buchla).模拟电子技术基础系统方法[M].朱杰,蒋乐天,译.北京:机械工业出版社,2018.

[5] [美]赛尔吉·弗朗哥(Sergio Franco).基于运算放大器和模拟集成电路的电路设计[M].何乐年,奚剑雄,等,译.北京:机械工业出版社,2017.

[6] 康华光,张林,陈大钦.电子技术基础模拟部分[M].6版.北京:高等教育出版社,2013.

[7] 童诗白,华成英.模拟电子技术基础[M].5版.北京:高等教育出版社,2015.

[8] 阮秉涛,樊伟敏,蔡忠法,等.电子技术基础实验教程[M].北京:高等教育出版社,2016.